木头马 亲近经典 · 奇趣新科普

数学课里的科学秘密

2A

董淑亮 董瑶——著

适用于二年级上学期

总顾问
王蒙

总主编
朱永新 聂震宁

编委
（以姓氏笔画为序）

丁 帆 王逢振 叶廷芳 白 烨 朱永新 刘文飞 刘敬圻 李文俊
李朝全 吴文智 汪正球 陈众议 柳鸣九 聂震宁 倪培耕 徐 雁
徐公持 郭宏安 黄天骥 黄国荣 董乃斌 熊江平

海峡出版发行集团 THE STRAITS PUBLISHING & DISTRIBUTING GROUP | 鹭江出版社

图书在版编目（CIP）数据

数学课里的科学秘密 . 2 / 董淑亮，董瑶著 . — 厦门：鹭江出版社，2024.1（2024.4 重印）
ISBN 978-7-5459-2212-7

Ⅰ . ①数… Ⅱ . ①董… ②董… Ⅲ . ①数学－儿童读物 Ⅳ. ①O1-49
中国国家版本馆 CIP 数据核字（2023）第 196276 号

出 版 人：雷 戎
责任编辑：朱明解
美术编辑：朱 懿
插画绘制：张 扬

SHUXUEKE LI DE KEXUE MIMI 2
数学课里的科学秘密 2
董淑亮 董瑶 著

出版发行：鹭江出版社
地 址：厦门市湖明路 22 号 邮政编码：361004
印 刷：恒美印务（广州）有限公司
地 址：广州市南沙区环市大道南 334 号 联系电话：020-84981812
开 本：700mm × 1000mm 1/16
印 张：14
字 数：190 千字
版 次：2024 年 1 月第 1 版 2024 年 4 月第 2 次印刷
书 号：ISBN 978-7-5459-2212-7
定 价：48.00 元（全二册）

如发现印装质量问题，请寄承印厂调换。

qián yán

前言

给小读者的信

你一定是喜欢读书的小朋友！恭喜你，已经有一只脚迈进了神秘的数学大门啦！

数学课本里究竟藏着什么秘密呢？

原来，这里面藏着许多“科学知识”呢！譬如，《角的初步认识》里写到了七巧板，喜欢思考的小朋友不禁会问：“七巧板上都有什么图形？”“七巧板上藏着哪些数学秘密？”……要回答这些“为什么”，就赶快打开这套书吧！它会引导你以科学视角学习数学，从数学中培养科学精神、发展科学思维、形成科学素养，让你的心灵更美、更有趣！

愿这套书能够带你开启新奇的阅读之旅！

董淑亮
董璟

shǎn liàng dēng chǎng

闪亮登场

小猪憨憨

爱动手，爱实践，想法独特。

我有一个神机妙算的爸爸！

公鸡帅克

调皮捣蛋，贫嘴又自傲，爱给同学起外号。

我戴上 9D 眼镜的样子太酷了！

小狗汪一鸣

有点急躁，为人热情仗义，喜欢打电子游戏。

长大以后我一定坐宇宙飞船，飞向太空。

小兔子晶晶

聪明、可爱，只是有点胆小。

大家都喜欢听我唱九九歌。

小马哥

性格随和，爱交朋友，做事踏实。

我想一直陪伴在米雅老师身边学知识。

米雅老师

认真、负责，能理解学生们的想法。

我的学生真的太聪明了。

猪爸

古板、固执，但靠谱负责。

听到儿子夸我神机妙算，我骄傲。

猪妈

乐观、聪明，是行走的百科全书。

我最大的心愿就是儿女健康成长。

啄木鸟警长

机智、果断、干练，维护正义。

坏人终将被绳之以法！

大象师傅

宽厚、豁达，会在别人有困难时帮助别人。

你们给我拍照可以，但我不摆造型。

100%

即　将　开　始

mù lù
目录

写在操场上的数学——长度单位

学校的操场是我们熟悉的地方，可以用来跑步、打球、做操……可是，米雅老师带着她的学生，竟然发现了操场上"写"着数学，学生们既好奇，又惊喜……

长度单位

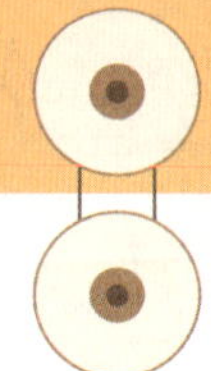

数学档案馆

长度单位

认识厘米和米

测量比较短的物体通常用“厘米”作单位。厘米可以用字母“cm”表示。

食指的宽度约有1厘米。

伸开双臂大约1米。

测量比较长的物体通常用“米”作单位。米可以用字母“m”表示。

1米=100厘米。

测量方法

把物体放正；把尺子的“0”刻度对准物体的左端，再看物体的右端对着几，对着几就是几厘米。

对准刻度0

读数：6厘米

认识线段

特点

线段是直的；可以量出长度；线段有两个端点。

画线段

1. 用笔对准尺子的“0”刻度；
2. 从刻度“0”起，沿着边缘画；
3. 画到要求的长度停止。

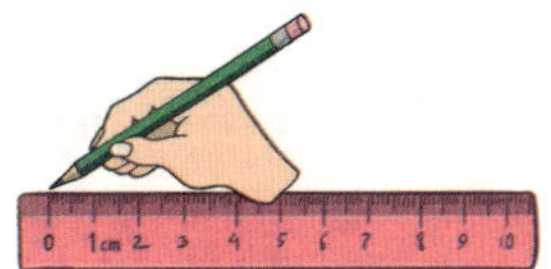

选择合适的长度单位

长的或高的用“米”作单位；短的或矮的用“厘米”作单位。

客车长4米

扫帚高80厘米

米、米、米，是老大，分米、分米是老二，厘米、厘米是老三，毫米、毫米是老四。米就要比分米长，长多少？是十倍；分米要比厘米长，长多少？也是十倍；厘米要比毫米长，长多少？还是十倍。

写在操场上的数学

科学趣味故事

这是二年级的第一节数学课，讲的是“长度单位”，米雅老师刚走进教室就迎来了热烈的掌声。

嘿，老师能这么受学生喜欢，真是好福气。当然，喜欢米雅老师自然就会喜欢她教的数学课啦！

1 不一样的尺子

“同学们好！”米雅老师的声音还是那么温和、甜美，样子还是那么优雅，“我在讲课前，先要检查一下大家的学习用具。”

昨天放学前，米雅老师特意通知，请大家今天上课时要提前准备好一把尺子。

lǎo shī　wǒ dài lái le　nǐ kàn kan wǒ de　xiǎo tù zi jīng jīng dì
“老师，我带来了。你看看我的。”小兔子晶晶第
yī gè fā yán
一个发言。

shàng le èr nián jí　dǎn xiǎo de jīng jīng biàn de dà fang qǐ lái　tā zhǔn bèi
上了二年级，胆小的晶晶变得大方起来。她准备
de shì yì bǎ sù liào zuò chéng de zhí chǐ　shàng miàn yǒu qīng xī de kè dù
的是一把塑料做成的直尺，上面有清晰的刻度：0、
lí mǐ
1、2、3……10（厘米）。

lǎo shī　wǒ de yě dài lái le
“老师，我的也带来了。”
gōng jī shuài kè yě ná chū le zì jǐ dài lái
公鸡帅克也拿出了自己带来
de chǐ zi　jī dòng de shuō　zhè shì mā
的尺子，激动地说，“这是妈
ma zuò yī fu yòng de chǐ zi
妈做衣服用的尺子。”

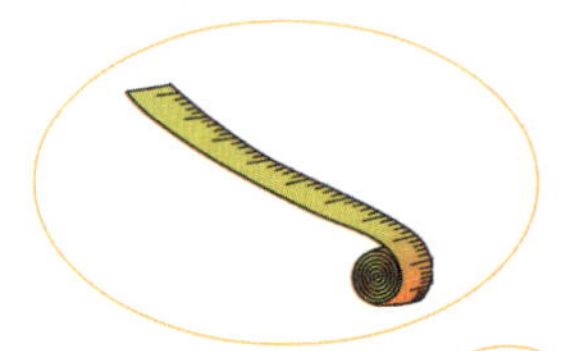

yuán lái jī mā shì yí wèi cái feng yòng de shì yì gēn ruǎn chǐ
原来，鸡妈是一位裁缝，用的是一根软尺。

hān hān nǐ de chǐ zi dài lái le ma mǐ yǎ lǎo shī zǒu dào xiǎo zhū hān hān de zuò wèi qián wēi xiào zhe wèn dān xīn tā yòu diū sān là sì
“憨憨，你的尺子带来了吗？”米雅老师走到小猪憨憨的座位前，微笑着问，担心他又丢三落四。

nǐ kàn wǒ de shì juǎn chǐ hān hān shuō
“你看，我的是卷尺。”憨憨说。

yuán lái zhū bà shì gǎo gōng chéng de jīng cháng yào yòng dào cháng cháng de juǎn chǐ
原来，猪爸是搞工程的，经常要用到长长的卷尺。

lǎo shī de huà zhēn guǎn yòng yí gè tōng zhī xué shēng men de xué xí yòng jù dōu dài qí le gè zhǒng gè yàng de chǐ zi jiǎn zhí kě yǐ kāi gè chǐ zi bó lǎn huì la
老师的话真管用，一个通知，学生们的学习用具都带齐了。各种各样的尺子，简直可以开个尺子博览会啦！

“今天的数学课，我们到操场上去完成。”米雅老师高声宣布。

没错，到操场上教数学课，不是体育课！想不到米雅老师会想出这个新花样，学生们激动不已，就像一群小鸟快乐地飞出了笼子！

2 小尺子的大舞台

小马哥、汪一鸣和憨憨一窝蜂似的冲到了操场。

“这是沙坑，专门训练我们跳远能力的。”米雅老师说道，“小马哥，你来示范，跳一下。”

“好的。”小马哥纵身一跃，竟然跳到了沙坑的最边缘，差点儿跳到了沙坑外。

“老师，用我的小尺子量一量吧。”晶晶突然举手说道。

晶晶拿出自己带来的那把塑料尺，一下接一下地量起来，既费时，又耗力。

“憨憨，你用自己带来的卷尺，量一量小马哥的跳远距离。”米雅老师建议说。

大家看到憨憨快速地量完了，一下子愣在了那里。

“知道了吗？测量跳远的距离，不能用 20 厘米的尺子，要用 1 米或 2 米长的卷尺，量起来省时、方便、快捷。”米雅老师转过头对晶晶说，“你的那把直尺可以量一量作业本、书本的长度，长度单位是厘米，就不需要用卷尺来测量了。”

大家恍然大悟：虽然都是尺子，但是用途大不一样呢。

“现在，谁来展示一下短跑本领？”米雅老师接着说，“我喊开始，就跑；喊停，就停下来。听我指挥。”

米雅老师点了点头，说：“开始……停！”短短几秒内，晶晶已经跑了很远，像箭一样快。

“晶晶在跑道上跑了多少米？10米？20米？这次，我们该怎样量出晶晶跑动的距离呢？”米雅老师鼓励大家多动脑筋。

大家沉默了一会儿，因为憨憨的卷尺、帅克的软尺，都派不上用场了，距离实在太长了。

“老师，用我的卷尺吧！这个软布卷尺，能拉出很长，比20米还要长……”小马哥接着说，“我突然发现我的卷尺比憨憨的还要长。”

科考手册

卷尺也有不同品种，有的是用铁皮卷成的，长度一般是3米以上，有的是用软布做成的，长达30米、50米，甚至100米。

"同学们，小尺子就是一个大舞台啊！你们看，不同的尺子，作用大不一样，用的长度单位也不一样，有的是厘米，有的是米。"米雅老师作了总结。

操场上响起了热烈的掌声。

3 "站"起来的尺子

秋阳高照，微风送爽。操场的一角，一群师傅正在安装篮球架，领头的正是猪爸。

猪师傅，篮球架要安装多高呢？有标准吗？

有标准。可是，我今天忘了带测量长度的工具，没办法量出它的高度。我正为难呢！

篮球架竖起来了吗？很好办，给我一根绳子，就能量出它的高度。

zhū bà tīng le lì jí dì shàng yì gēn cháng shéng zi
猪爸听了，立即递上一根长绳子。

dà xiàng shī fu yòng cháng bí zi bǎ shéng zi gāo gāo jǔ qǐ yì zhí jǔ dào
大象师傅用长鼻子把绳子高高举起，一直举到
le lán qiú jià de dǐng duān hēi cháng shéng zi chuí xià lái de cháng dù jiù shì
了篮球架的顶端。嘿，长绳子垂下来的长度，就是
lán qiú jià de gāo dù
篮球架的高度。

zěn me yàng cháng shéng zi chéng le yì gēn zhàn qǐ lái de chǐ zi
“怎么样？长绳子成了一根‘站’起来的尺子。”
dà xiàng shī fu dé yì de shuō
大象师傅得意地说。

dà jiā dùn shí míng bai le dà xiàng shī fu de yòng yì
大家顿时明白了大象师傅的用意。

zhè shí shuài kè ná chū ruǎn chǐ hěn kuài liáng chū shéng zi de cháng dù yě
这时帅克拿出软尺，很快量出绳子的长度，也
jiù shì lán qiú jià de gāo dù
就是篮球架的高度。

zhēn shì gè hǎo bàn fǎ dà jiā yì kǒu tóng shēng de shuō
“真是个好办法！”大家异口同声地说。

xiǎng bú dào zài zhè xiǎo xiǎo de cāo chǎng shàng jìng rán yǐn cáng zhe nà me
想不到，在这小小的操场上，竟然隐藏着那么
duō kàn bú jiàn de shù xué zhī shi
多看不见的数学知识。

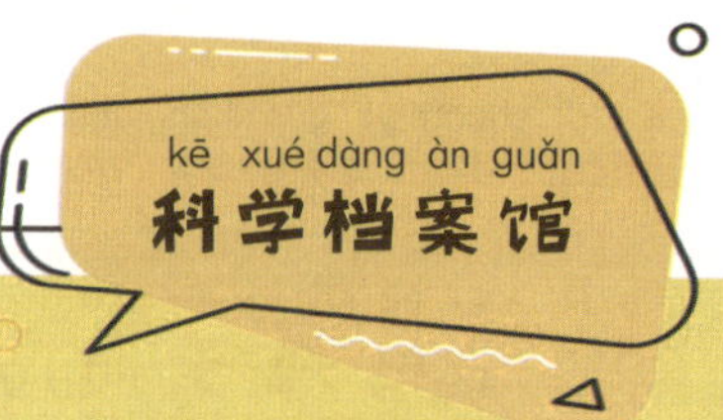

操场

操场是学生的活动场所，不同条件下的操场设施配置也不同，比如有的操场上除了60米、100米、400米标准跑道外，还有网球场、足球场、篮球场，以及跳远、跳高、掷铅球等场地，以满足学生活动的不同需要。

wǒ guó gǔ dài de xué xiào

jiào shén me míng zì

我国古代的学校叫什么名字？

xiǎo xiǎo kē xué jiā

小小科学家

zǎo zài duō nián qián wǒ guó xī zhōu shí qī jiù yǐ jīng yǒu le xué xiào nà shí xué xiào de míng zì jiào bì yōng shì zhuān mén wèi shǎo shù nú lì zhǔ guì zú dú shū kāi pì de chǎng suǒ hàn dài shè tài xué xiāng dāng yú jīn tiān de dà xué dào le míng cháo yì bān de xué xiào chēng shū yuàn shū táng sī shú děng qīng mò chēng xué xiào wéi xué táng xīn hài gé mìng yǐ hòu xué táng yí lǜ gǎi chēng xué xiào bìng yán yòng zhì jīn

早在3000多年前，我国西周时期就已经有了学校。那时学校的名字叫“辟雍”，是专门为少数奴隶主贵族读书开辟的场所。汉代设太学，相当于今天的大学。到了明朝，一般的学校称“书院”“书堂”“私塾”等。清末称学校为“学堂”。辛亥革命以后，“学堂”一律改称“学校”，并沿用至今。

yǐ hòu jìn le tài xué jiù qīng sōng le

以后进了太学，就轻松了。

“我是一颗小星星”

——100以内的加法和减法（二）

100以内的加法和减法，能帮助我们揭开数学运算的一些神秘面纱，包括进位加、退位减，这些计算在我们日常生活中经常用得上。

其实，数学在人类的航空航天上也能大显身手。不论是飞船，还是卫星，在它的设计、制造、飞行等环节中，都与数学有着密切的关联，甚至可以说，在航空航天中不能没有数学……

100以内的加法和减法（二）

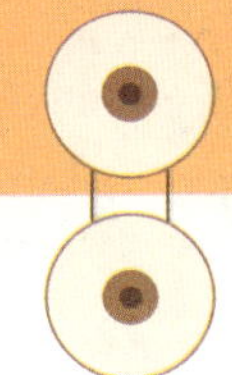

数学档案馆

100以内的加法和减法（二）

加法

方法：相同数位对齐，从个位加起；如果个位相加满十，向十位进1。

例 计算44+26，先算4+6=10，向十位进1；再算4+2+1=7，后面加的1是进位的1。得出44+26=70。

$$
\begin{array}{r} 4\ 4 \\ +\ 2_{1}6 \\ \hline 7\ 0 \end{array}
$$

4+2+1 ← 4 4 → 4+6=10

进位的1；进1

减法

方法：相同数位对齐，从个位减起；如果个位不够减，从十位退1，在个位上加10再减。

例 计算51−14，个位上1−4不够减，从十位退1，在个位上加10，变成11−4=7；十位上的5退1变成4，4−1=3。得出51−14=37。

$$
\begin{array}{r} \dot{5}\ 1 \\ -\ 1\ 4 \\ \hline 3\ 7 \end{array}
$$

1 → 1+10−4=7

退1当10

连加、连减和加减混合

连加、连减：从左到右依次计算。

加减混合：有小括号的，先算小括号里面的；没有小括号的，从左到右依次计算。

解决问题

加法：求比一个数多几的数时用加法。

减法：求比一个数少几的数时用减法。

连续两问

根据已知信息去解决第一个问题，再用第一个问题的结果和另一个信息去解决第二个问题。

例 班里有男生 18 人，女生比男生多 5 人，女生有多少人？全班一共多少人？

先算出女生人数：18+5=23（人），再用 18+23=41（人），计算出全班的人数。

男生 18 人

女生 多 5 人

小贴士

遇到“求比一个数多几、少几的数是多少”这一类的问题，读懂题目是关键。分析一下“比”字前面是大数还是小数，“比”字后面是大数还是小数，“问题”是求大数还是小数。这样问题就能迎刃而解。

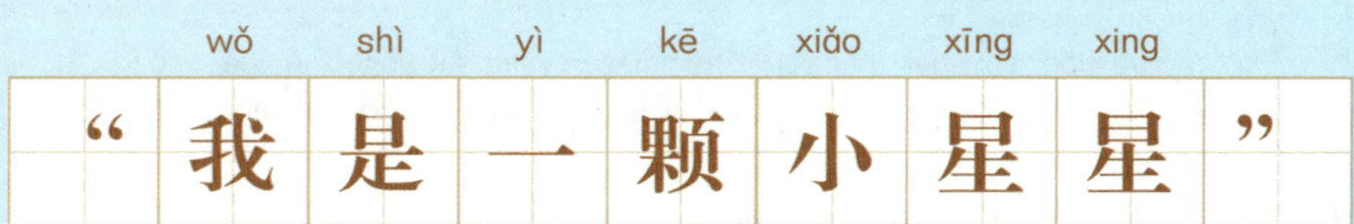

kē xué qù wèi gù shi
科学趣味故事

wǒ men dōu zhī dào shēng huó zhōng chù chù dōu yǒu shù xué de shēn yǐng kě shì yào bǎ yì táng pǔ tōng de shù xué kè yǔ gāo jīng zhuān de háng kōng háng tiān lián xì zài yì qǐ yě zhǐ yǒu mǐ yǎ lǎo shī néng zhè me zuò wèi shén me ya yīn wèi tā yǒu mó jìng

我们都知道，生活中处处都有数学的身影。可是，要把一堂普通的数学课与“高、精、专”的航空航天联系在一起，也只有米雅老师能这么做！为什么呀？因为她有“魔镜”……

fēi chuán de nà xiē wǎng shì
1 飞船的那些往事

shàng kè líng shēng gāng xiǎng qǐ xiǎo mǎ gē jiù dài lái le mǐ yǎ lǎo shī de yì duī xué jù jū rán shì yǎn jìng

上课铃声刚响起，小马哥就带来了米雅老师的一堆学具，居然是 9D 眼镜。

米雅老师还没有安排怎样使用这些学具，大家就兴奋地嚷起来。

“老师，今天不是学习《100以内的加法和减法》吗？怎么要带我们玩穿越？”晶晶有点迷惑。

米雅老师听了，微笑着告诉大家：“没错，让大家一起玩穿越，找一找航空航天里的数学！”

顿时，教室里沸腾起来！

小马哥把9D眼镜发给每一位同学。宽边、大镜片，犹如小电视屏幕一样的9D眼镜，往头上一戴，看上去很科幻，好像教室里来了一群外星人。

戴好后，不要乱动。

yán zhe shí jiān zhóu kě yǐ jìn xíng shí kōng chuān yuè mǐ yǎ lǎo shī
“沿着时间轴，可以进行时空穿越。”米雅老师
shuō wán dīng zhǔ dà jiā dài hǎo yǎn jìng bú yào lòu guāng
说完，叮嘱大家戴好眼镜，不要漏光。

suí hòu mǐ yǎ lǎo shī shū rù shén zhōu fēi chuán jǐ gè zì yǎn jìng
随后，米雅老师输入“神舟飞船”几个字，眼镜
lǐ lì jí yǒu fēi chuán cóng kōng zhōng yíng miàn fēi lái
里立即有飞船从空中迎面飞来。

kē kǎo shǒu cè
科考手册

shén zhōu fēi chuán shì zhōng guó wèi zài rén háng tiān jì huá yán zhì de zài
神舟飞船是中国为载人航天计划研制的载
rén yǔ zhòu fēi chuán xì liè tā yóu tuī jìn cāng fǎn huí cāng guǐ dào cāng
人宇宙飞船系列。它由推进舱、返回舱、轨道舱
hé fù jiā duàn gòu chéng sān cāng zǒng cháng yuē mǐ zǒng zhì liàng yuē wéi
和附加段构成，三舱总长约 8 米，总质量约为
dūn
8 吨。

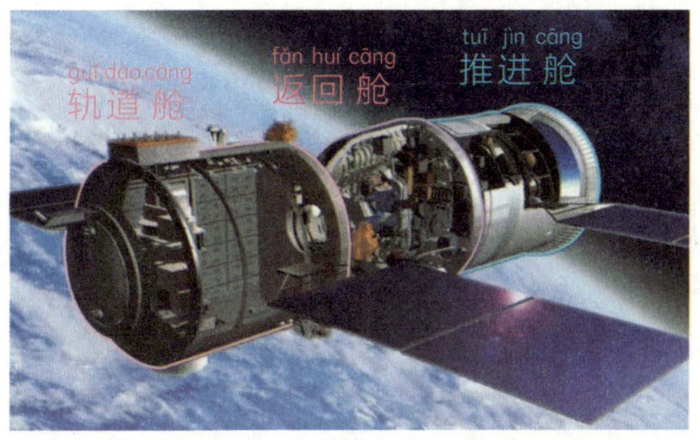

神舟一号，1999年11月20日发射，无人在轨飞行21小时11分；

神舟二号，2001年1月10日发射，无人在轨飞行6天18小时22分；

……

神舟五号，2003年10月15日发射，搭载中国首位航天员杨利伟在轨飞行21小时23分；

……

神舟十号，2013年6月11日发射，搭载航天员聂海胜、张晓光、王亚平在轨飞行15天；

神舟十一号，2016年10月17日发射，搭载航天员景海鹏、陈冬在轨飞行33天；

神舟十二号，2021年6月17日发射，搭载航天员聂海胜、刘伯明、汤洪波在轨飞行93天；

……

2 数学在哪里

“先休息下。”米雅老师让大家摘下眼镜，“要注意保护好视力。”

“老师，神舟飞船里有哪些数学知识呀？”小马哥摘下眼镜，十分困惑地问。

“问得好！数学在这里。”米雅老师笑着说，“以神舟十号为例，平均 90 分钟绕地球一圈，24 小时绕地球 16 圈，在轨道上飞行 15 天。飞船怎么返回？在哪里降落？这都需要用数学来计算呀！算不准或算错了，飞船会出大事的。”

说完，米雅老师又出了一道数学题。

神舟十号一天（24小时）绕地球16圈，两天能绕地球飞行多少圈？

嘿，100以内的加法，小菜一碟。16+16=32（圈）。

shén zhōu qī hào rào dì qiú fēi xíng le quān shén zhōu
神舟七号绕地球飞行了45圈，神舟
wǔ hào bǐ tā shǎo quān shén zhōu wǔ hào rào dì qiú fēi xíng
五号比它少31圈，神舟五号绕地球飞行
le duō shao quān
了多少圈？

quān fēi xíng le quān
45-31=14（圈），飞行了14圈。

mǐ yǎ lǎo shī tīng le liǎn shàng lù chū xīn wèi de xiào róng
米雅老师听了，脸上露出欣慰的笑容。

3 dài nǐ fēi dào tiān shàng qù
“带你飞到天上去”

mǐ yǎ lǎo shī xuān bù jì xù shàng kè
米雅老师宣布继续上课。

dài shàng yǎn jìng wǒ dài nǐ men fēi dào tiān shàng qù jiē zhe
“戴上9D眼镜，我带你们飞到天上去。”接着，
mǐ yǎ lǎo shī gào su dà jiā gāng gāng shì chuān yuè shí guāng suì dào zhè cì shì
米雅老师告诉大家，“刚刚是穿越时光隧道，这次是
chuān yuè kōng jiān cóng zhè ge xīng qiú fēi dào nà ge xīng qiú
穿越空间，从这个星球飞到那个星球。”

wa fēi dào bù tóng de xīng qiú wán quán jiù shì yí cì miǎn fèi de tài kōng
哇，飞到不同的星球，完全就是一次免费的太空
zhī lǚ
之旅！

guǒ rán měi wèi dài shàng yǎn jìng de tóng xué suí zhe huà miàn de yí dòng
果然，每位戴上9D眼镜的同学随着画面的移动，

dōu gǎn jué zì jǐ hǎo xiàng biàn chéng le yì kē xiǎo xīng xing lí kāi lán sè de dì
都感觉自己好像变成了一颗小星星，离开蓝色的地
qiú xiàng zhe mángmáng tài kōng shēn chù fēi xíng
球，向着茫茫太空深处飞行……

kē kǎo shǒu cè
科考手册

xiǎng lí kāi dì qiú qù xīng jì hángxíng bì xū xiān bǎi tuō dì qiú
想离开地球去星际航行，必须先摆脱地球
yǐn lì de shù fù zhè xū yào hángtiān qì de sù dù dá dào dì èr yǔ zhòu
引力的束缚，这需要航天器的速度达到第二宇宙
sù dù cái xíng xiǎng bǎi tuō tài yáng yǐn lì de shù fù hángtiān qì de sù
速度才行。想摆脱太阳引力的束缚，航天器的速
dù jiù yào dá dào dì sān yǔ zhòu sù dù xiǎng fēi chū yín hé xì nà me
度就要达到第三宇宙速度。想飞出银河系，那么
háng tiān qì de sù dù gèng shì yào dá dào dì sì yǔ zhòu sù dù le
航天器的速度更是要达到第四宇宙速度了。

wǒ yào fēi dào yuè liangshàng jīng jīng zài xīn lǐ xiǎng wǒ xiǎng kàn yi
“我要飞到月亮上。”晶晶在心里想，“我想看一
kàn yuè gōng lǐ dào dǐ yǒu méi yǒu yù tù
看，月宫里到底有没有玉兔。”

wǒ yào fēi dào yín hé lǐ xún zhǎo niú láng hé zhī nǚ hān hān tū fā
“我要飞到银河里，寻找牛郎和织女。”憨憨突发

奇想。

“同学们，要想去星际航行，怎样才能挣脱地球的引力？怎样才能不偏离飞行的轨道？这些问题都离不开数学计算啊！”米雅老师点了一下遥控器上的红键，立即把大家从奇幻世界中拉回到现实。

摘下9D眼镜，大家发出了由衷的感慨：没有数学的帮助，谁也飞不到太空中去。在航空航天中，到处都有数学的身影！

角的初步认识

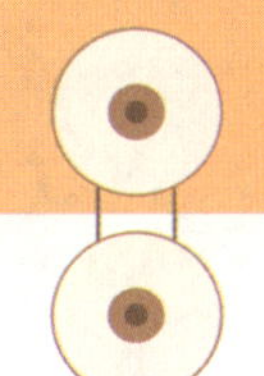

数学档案馆

角的初步认识

认识角

1. 角有一个顶点和两条边。下边这些物品中都有角。

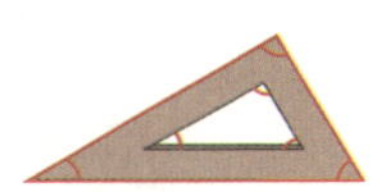

2. 画角：从一个点起，用尺子向不同的方向画两条笔直的线，就画成一个角。

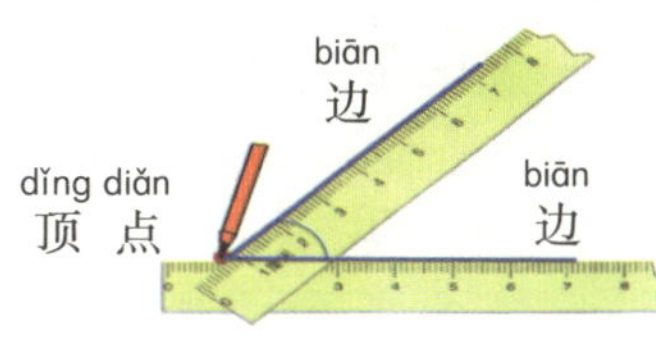

认识直角

1. 像∟这样的角就是直角。

2. 用三角尺画直角：定顶点 → 画两边 → 标出直角符号。

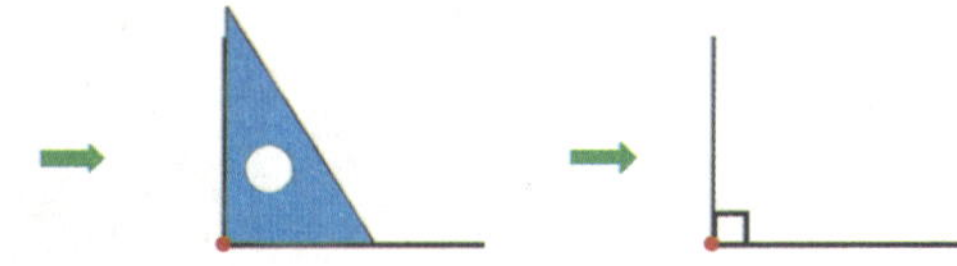

奔向太空

人类不可能永远只生活在地球上，总有一天人类会实现向太空移民，所以人类一直在积极探索太空，并为此而努力。人类航天器也在不断提高速度，1948 年达到第一宇宙速度，1955 年达到第二宇宙速度，1969 年达到第三宇宙速度。其中，第一、第二、第三宇宙速度分别为 7.9 千米每秒、11.2 千米每秒、16.7 千米每秒。人类的航天器还没有达到第四宇宙速度，无法离开银河系。但人类对太空的探索，是永无止境的。

目前，我国的航天事业处于世界领先水平，神舟系列载人飞船正在按计划陆续发射，中国空间站（天宫空间站）已建成并投入使用，我国还计划在 2030 年前实现载人登月。

shì jiè shàng dì yī wèi fēi jìn
tài kōng de yǔ háng yuán shì shuí

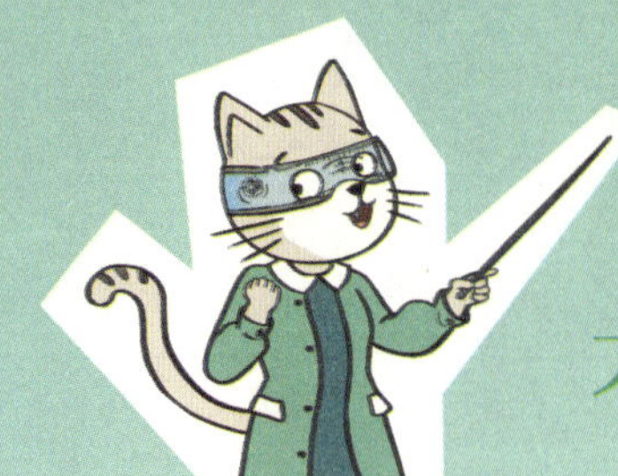

世界上第一位飞进太空的宇航员是谁？

xiǎo xiǎo kē xué jiā

小小科学家

nián yuè rì shì jiè shàng dì yī sōu zài rén yǔ zhòu fēi chuán dōng fāng yī hào zài sū lián fā shè shēng kōng yóu lǐ jiā jiā lín chéng wéi le dì yī gè jìn rù tài kōng de dì qiú rén jiā jiā lín de háng tiān fēi xíng shì zài dāng dì shí jiān diǎn fēn kāi shǐ de fēn zhōng hòu rào dì qiú áo yóu le yì zhōu

1961年4月12日，世界上第一艘载人宇宙飞船“东方一号”在苏联发射升空，尤里·加加林成为了第一个进入太空的地球人。加加林的航天飞行是在当地时间9点07分开始的，108分钟后绕地球遨游了一周。

zūn jìng de jiā jiā lín xiān sheng wǒ xiǎng kàn yí xià dōng fāng yī hào yǔ zhòu fēi chuán

尊敬的加加林先生，我想看一下“东方一号”宇宙飞船。

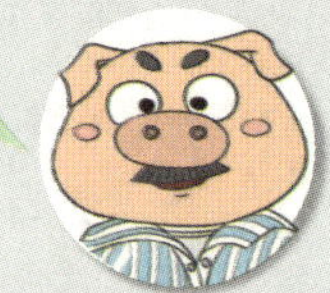

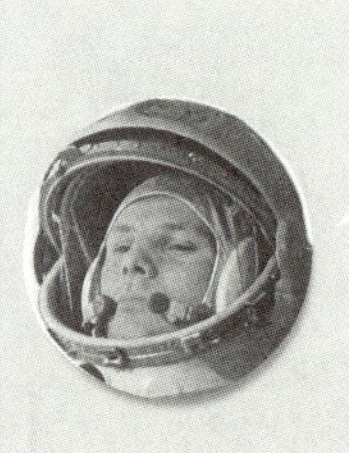

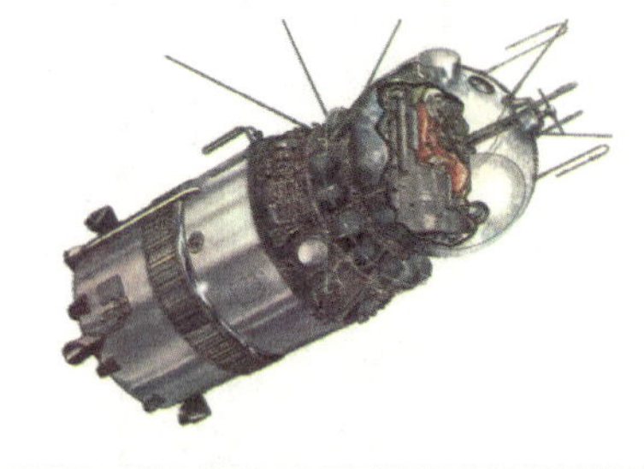

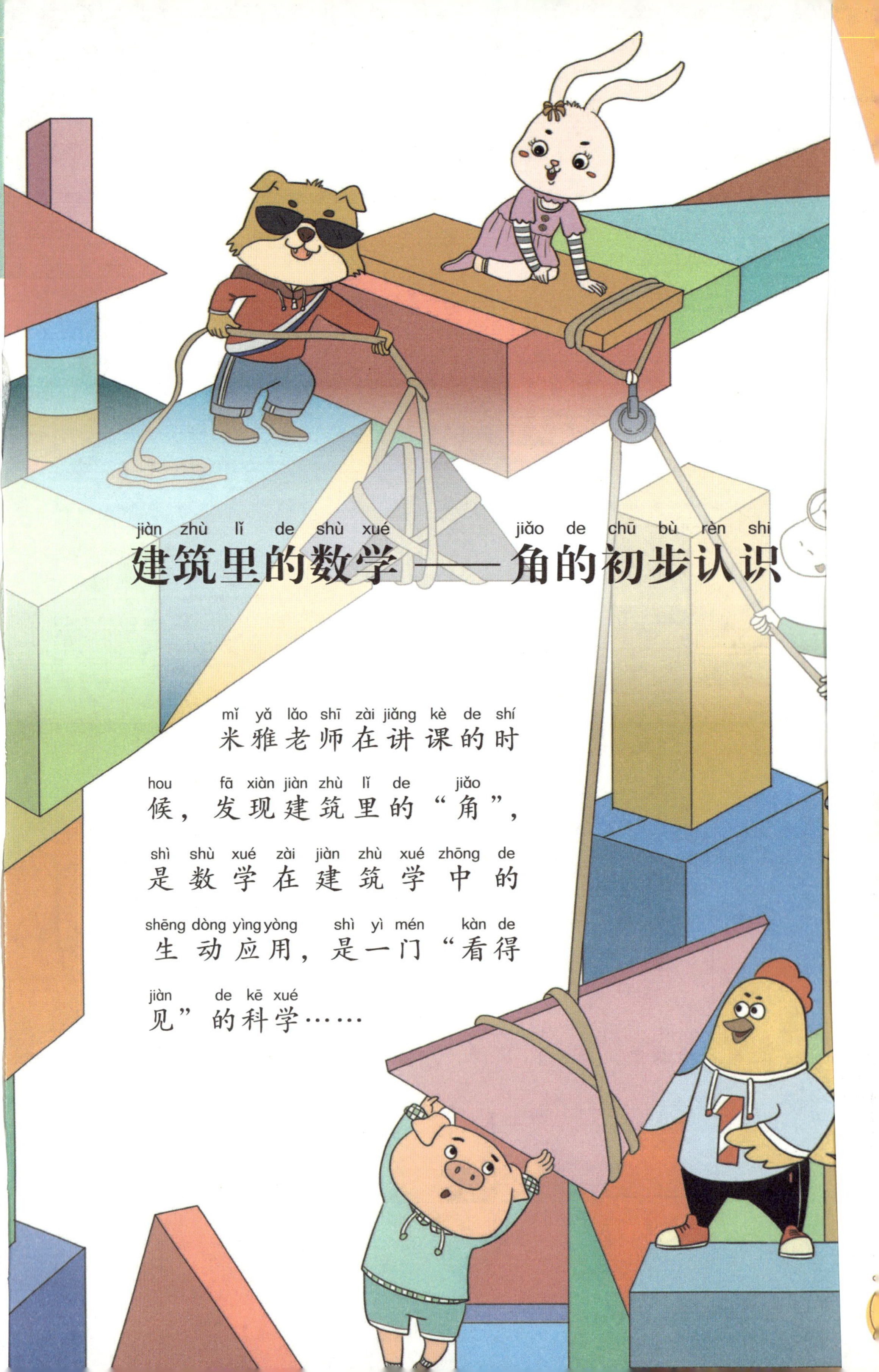

jiàn zhù lǐ de shù xué jiǎo de chū bù rèn shi

建筑里的数学——角的初步认识

mǐ yǎ lǎo shī zài jiǎng kè de shí hou fā xiàn jiàn zhù lǐ de jiǎo shì shù xué zài jiàn zhù xué zhōng de shēng dòng yìng yòng shì yì mén kàn de jiàn de kē xué

米雅老师在讲课的时候，发现建筑里的“角”，是数学在建筑学中的生动应用，是一门“看得见”的科学……

科学档案馆

奔向太空

人类不可能永远只生活在地球上，总有一天人类会实现向太空移民，所以人类一直在积极探索太空，并为此而努力。人类航天器也在不断提高速度，1948 年达到第一宇宙速度，1955 年达到第二宇宙速度，1969 年达到第三宇宙速度。其中，第一、第二、第三宇宙速度分别为 7.9 千米每秒、11.2 千米每秒、16.7 千米每秒。人类的航天器还没有达到第四宇宙速度，无法离开银河系。但人类对太空的探索，是永无止境的。

目前，我国的航天事业处于世界领先水平，神舟系列载人飞船正在按计划陆续发射，中国空间站（天宫空间站）已建成并投入使用，我国还计划在 2030 年前实现载人登月。

世界上第一位飞进太空的宇航员是谁？

小小科学家

1961年4月12日，世界上第一艘载人宇宙飞船“东方一号”在苏联发射升空，尤里·加加林成为了第一个进入太空的地球人。加加林的航天飞行是在当地时间9点07分开始的，108分钟后绕地球遨游了一周。

尊敬的加加林先生，我想看一下“东方一号”宇宙飞船。

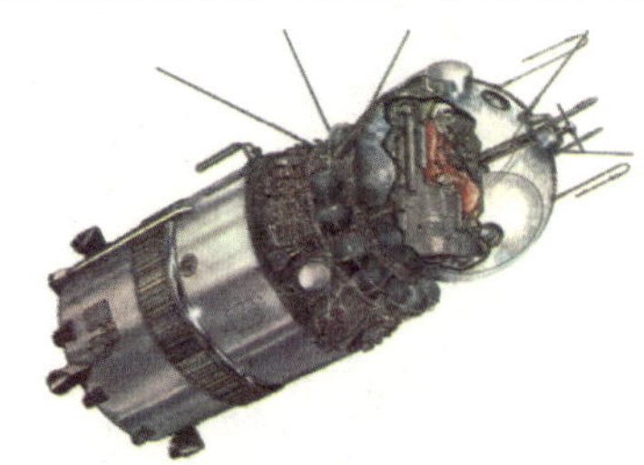

建筑里的数学——角的初步认识

米雅老师在讲课的时候，发现建筑里的“角”，是数学在建筑学中的生动应用，是一门“看得见”的科学……

jiǎo de chū bù rèn shi
角的初步认识

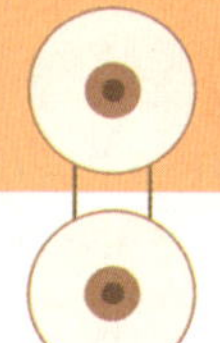

shù xué dàng àn guǎn
数学档案馆

jiǎo de chū bù rèn shi
角的初步认识

rèn shi jiǎo
认识角

jiǎo yǒu yí gè dǐng diǎn hé liǎng tiáo biān
1. 角有一个顶点和两条边。
xià biān zhè xiē wù pǐn zhōng dōu yǒu jiǎo
下边这些物品中都有角。

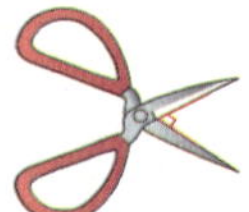

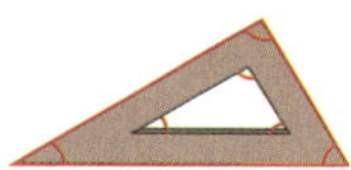

huà jiǎo cóng yí gè diǎn qǐ yòng chǐ zi xiàng bù tóng de fāng xiàng huà liǎng tiáo bǐ zhí de xiàn jiù huà chéng yí gè jiǎo
2. 画角：从一个点起，用尺子向不同的方向画两条笔直的线，就画成一个角。

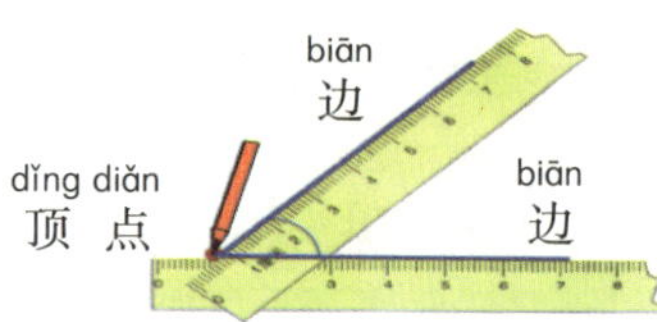

rèn shi zhí jiǎo
认识直角

xiàng zhè yàng de jiǎo jiù shì zhí jiǎo
1. 像∟这样的角就是直角。

yòng sān jiǎo chǐ huà zhí jiǎo dìng dǐng diǎn huà liǎng biān biāo chū zhí jiǎo fú hào
2. 用三角尺画直角：定顶点 → 画两边 → 标出直角符号。

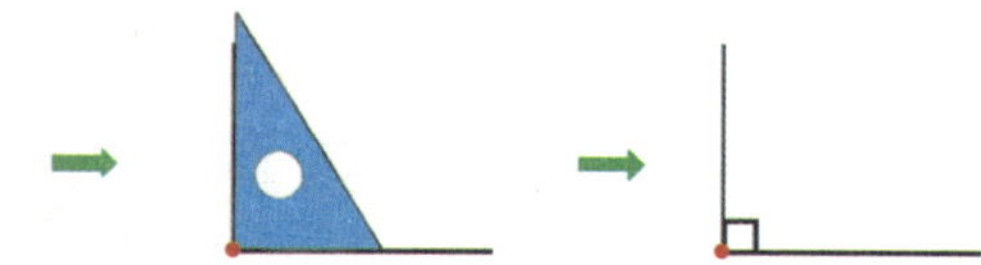

rèn shi ruì jiǎo hé dùn jiǎo
认识锐角和钝角

dùn jiǎo
钝角

bǐ zhí jiǎo dà bǐ píng jiǎo xiǎo de jiǎo jiào zuò dùn jiǎo
比直角大、比平角小的角叫作钝角。

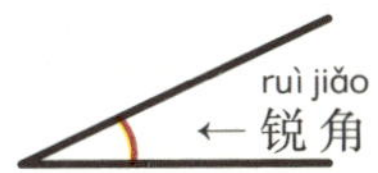

bǐ zhí jiǎo xiǎo de jiǎo jiào zuò ruì jiǎo
比直角小的角叫作锐角。

zhí jiǎo dùn jiǎo ruì jiǎo zhī jiān de dà xiǎo guān xì ruì jiǎo zhí jiǎo dùn jiǎo
直角、钝角、锐角之间的大小关系：锐角 < 直角 < 钝角。

yòng yí fù sān jiǎo chǐ pīn jiǎo
用一副三角尺拼角

zhí jiǎo hé ruì jiǎo pīn chū de jiǎo yí dìng shì dùn jiǎo
直角和锐角拼出的角一定是钝角。

liǎng gè ruì jiǎo pīn chū de jiǎo kě néng shì ruì jiǎo kě néng shì zhí jiǎo yě kě néng shì dùn jiǎo
两个锐角拼出的角可能是锐角，可能是直角，也可能是钝角。

xué xí jiǎo de shí hou kě yǐ jì xià zhè shǒu gē yáo
学习角的时候，可以记下这首歌谣：

xiǎo xiǎo jiǎo zhēn jiǎn dān yí gè dǐng diǎn liǎng tiáo biān
小小角，真简单，一个顶点两条边。

huà jiǎo shí yào láo jì xiān huà dǐng diǎn zài huà biān
画角时，要牢记，先画顶点再画边。

建筑里的数学

科学趣味故事

“角的初步认识”应该怎么教才好？是不是在黑板上画几幅图，让学生们看一看什么是“锐角”“直角”“钝角”？或者，把这三种不同性质的“角”的概念背下来？猜猜看，米雅老师会怎么教？想不到，她直接驾车出发，把科考小队带到了建筑物的面前……

1 苏州博物馆新馆

“世界很大，我想去看看！”小马哥对米雅老师提出想法，“角”在现实世界中究竟是什么样子，他想看一看。

“有道理，我正有这个想法呢。”米雅老师接着说，“我们就去看看世界著名建筑设计大师贝聿铭的作品，第一站就是苏州博物馆新馆。”

科考手册

苏州是贝聿铭的故乡，他用大量数学元素来突出建筑物的形状，体现出一种中国传统文化的美。

说走就走。米雅老师驾驶的“银猫号”太阳能飞车，可以把四个轮子收起来，再伸出一对翅膀在空中飞行；也可以把一对翅膀收起来，放下四个轮子

在陆地上跑；还可以像鲸鱼那样在水中快速航行。

“银猫号”悄然升空。

道路、建筑、森林、河流……在车翼下一闪而过。

“我们到了。”米雅老师和科考小队走出飞车，“瞧，从正面看，这个博士帽一样的建筑，就是苏州博物馆大门。”

“老师，你看，门上有一个很大的钝角。”小马哥睁大眼睛说。

“那里还有直角、锐角。”憨憨看得特别认真。

整个博物馆围绕着中央水池来布局，建筑高度很低，把建筑与花园融为一体。在这座建筑里，科考小队看到了长方形、正方形以及由不同的角组成的图案，第一次感受到“角”在建筑中还能这么美！

2 香港中银大厦

"银猫号"接着飞行，来到了香港中银大厦。

"哇，整座大厦就像一张帆。"汪一鸣很快发现了这座建筑的美！

当米雅老师的科考小队走出飞车的时候，眼前的

科考手册

中银大厦的设计除了利用一些科技元素，如整座塔楼都采用反射玻璃，可以反射不断变化的光线，还创新地运用了三角形是最稳定的形状这一特点，有助于抵抗或降低大风的冲击。

zhōng yín dà shà gāo sǒng rù yún
中银大厦高耸入云。

zhǎo yi zhǎo jiàn zhù zhōng nǎ xiē shì yóu nǎ jǐ zhǒng jiǎo gòu chéng de
“找一找，建筑中哪些是由哪几种角构成的？”

mǐ yǎ lǎo shī bú lùn shén me shí hou dōu bú huì wàng jì zì jǐ de shǐ mìng
米雅老师不论什么时候，都不会忘记自己的使命。

zhěng zuò dà shà de jié gòu jiù shì yóu duō fú jǐ hé tú xíng gòu chéng zhèng fāng xíng cháng fāng xíng sān jiǎo xíng qiǎo miào de zǔ hé zài yì qǐ cóng bù tóng de jiǎo dù dōu kě yǐ xīn shǎng dào jiàn zhù shàng xī lì de ruì jiǎo dà qì de dùn jiǎo hé gāng zhèng de zhí jiǎo jiù lián fù shǔ de huā yuán yě shì sān jiǎo xíng de
整座大厦的结构就是由多幅几何图形构成，正方形、长方形、三角形，巧妙地组合在一起，从不同的角度都可以欣赏到建筑上犀利的锐角、大气的钝角和刚正的直角，就连附属的花园也是三角形的。

mǐ yǎ lǎo shī de kē kǎo xiǎo duì lí kāi le zhōng yín dà shà dāng fēi chē yuè fēi yuè yuǎn de shí hou huí móu yí wàng nà zuò dà shà liú gěi tā men de shēn yǐng jiù xiàng yì gēn zhú zi jié jié gāo shēng
米雅老师的科考小队离开了中银大厦，当飞车越飞越远的时候，回眸一望，那座大厦留给他们的身影就像一根竹子，节节高升……

3 lú fú gōng bō li jīn zì tǎ 卢浮宫玻璃金字塔

zhuǎn yǎn zhī jiān mǐ yǎ lǎo shī de fēi chē jiàng luò zài fǎ guó de lú fú gōng bō li jīn zì tǎ qián bú lùn shì cóng yuǎn chù tiào wàng hái shì jìn chù yǎng shì zhè zuò jīn zì tǎ jiù shì yóu wú shù gè sān jiǎo xíng tú àn gòu jiàn ér chéng de jiàn zhù jié zuò
转眼之间，米雅老师的“飞车”降落在法国的卢浮宫玻璃金字塔前。不论是从远处眺望，还是近处仰视，这座“金字塔”就是由无数个三角形图案构建而成的建筑杰作。

kē kǎo shǒu cè
科考手册

lú fú gōng de bō li jīn zì tǎ cǎi yòng le bō li hé gāng de jié
卢浮宫的玻璃金字塔，采用了玻璃和钢的结
gòu yě shì zuì wěn dìng zuì tòu míng de jiàn zhù ér dà liàng jiǎo
构，也是最稳定、最透明的建筑，而大量“角”
yuán sù de shǐ yòng yě zēng jiā le tā de jiàn zhù fēng cǎi
元素的使用，也增加了它的建筑风采。

tiān la zhè lǐ yǒu shǔ bù qīng de ruì jiǎo
天啦，这里有数不清的锐角。

zhè lǐ yǒu shǔ bù qīng de dùn jiǎo
这里有数不清的钝角。

zhè lǐ yǒu shǔ bù qīng de zhí jiǎo
这里有数不清的直角。

小马哥、汪一鸣和憨憨纷纷发出了惊叹。

当他们停下来观察的时候，发现玻璃金字塔除了作为卢浮宫的一个新的入口，还有一片新的地下空间连接了博物馆的两侧，使整个建筑群连为一体。沿着廊道一直向里走，米雅老师的科考小队又有新的惊喜：在建筑内部还有一个与玻璃金字塔外观相呼应的“内金字塔”，也同样展现了“角”的独特魅力！

4 美国国家艺术馆东馆

米雅老师的飞车再次起飞。

穿云破雾，跨江越海，科考小队终于来到了最后一站——美国国家艺术馆东馆。该馆是设计大师贝聿铭的成名之作。

“看吧，整个建筑就是一系列几何图形的巧妙组合！”米雅老师把她的飞车停稳，得意地介绍着这座世界闻名的建筑。

kē kǎo shǒu cè
科考手册

měi guó guó jiā yì shù guǎn dōng guǎn kàn qǐ lái jiù xiàng shì yí gè diāo sù， jǐ hé tú xíng chéng wéi jiàn zhù zhōng de zhòng yào shè jì yuán sù。 zhèng shì zhè zuò jiàn zhù， wèi bèi yù míng yíng dé le "jiàn zhù dà shī" de chēng hào。

美国国家艺术馆东馆看起来就像是一个雕塑，几何图形成为建筑中的重要设计元素。正是这座建筑，为贝聿铭赢得了“建筑大师”的称号。

nà shì zhèng fāng xíng
那是正方形。

nà shì sān jiǎo xíng
那是三角形。

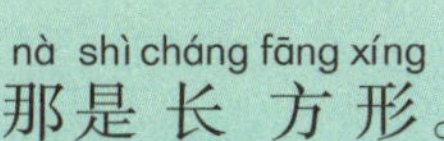

nà shì cháng fāng xíng
那是长方形。

wāng yī míng shuài kè hé hān hān jī dòng de lián lián chēng zàn
汪一鸣、帅克和憨憨激动得连连称赞。

nǐ men kàn zhěng zuò jiàn zhù zhōng jiǎo shì wú chù bú zài de mǐ yǎ
“你们看，整座建筑中，角是无处不在的。”米雅
lǎo shī yì biān yǎng wàng yì biān xīng fèn de shuō wǒ men yí lù fēi lái kàn
老师一边仰望，一边兴奋地说，“我们一路飞来，看
le zhè me duō bèi yù míng xiān sheng shè jì de dé yì zhī zuò tā kě shì shì jiè
了这么多贝聿铭先生设计的得意之作。他可是世界
shàng zuì xǐ huan yùn yòng jiǎo lái gòu tú bìng huò dé jù dà chéng gōng de jiàn zhù dà
上最喜欢运用角来构图并获得巨大成功的建筑大
shī a
师啊！”

dà jiā tīng le fēn fēn diǎn tóu zàn tóng zhè cì lǚ xíng ràng tā men zēng
大家听了，纷纷点头赞同。这次旅行让他们增
zhǎng le jiàn shi yě rèn shi dào shù xué zài jiàn zhù kē xué zhōng yě kě yǐ dà
长了见识，也认识到数学在建筑科学中也可以大
xiǎn shēn shǒu
显身手！

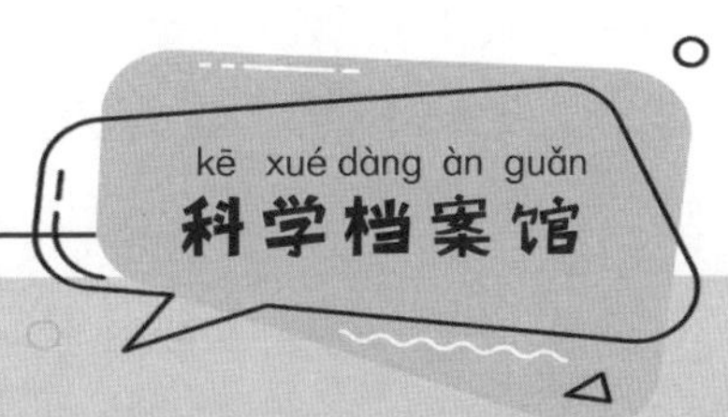

zhōng guó rén duì jiǎo zǎo yǒu yán jiū zǎo zài chūn qiū zhàn guó shí qī
中国人对角早有研究。早在春秋战国时期，
yí bù míng wéi kǎo gōng jì de zhuān zhù zhōng jiù jì zǎi le jǐ zhǒng tè
一部名为《考工记》的专著中就记载了几种特
shū jiǎo de míng chēng bāo kuò dù de jiǎo jiào jǔ zhí jiǎo
殊角的名称，包括：90度的角叫“矩”（直角），
dù de jiǎo jiào xuān shǔ yú ruì jiǎo dù de jiǎo jiào
45度的角叫“宣”（属于锐角），135度的角叫
qìng zhé shǔ yú dùn jiǎo zài gōng yuán qián shì jì chéng shū de
“磬折”（属于钝角）。在公元前1世纪成书的
zhōu bì suàn jīng zhōng chū xiàn le lì yòng jiǎo de zhī shi lái jiě jué
《周髀算经》中，出现了利用“角”的知识来解决
shí jì wèn tí de lì zi zhí dào shì jì guó wài de sān jiǎo zhī shi
实际问题的例子。直到16世纪，国外的三角知识
cái jiàn jiàn chuán rù wǒ guó
才渐渐传入我国。

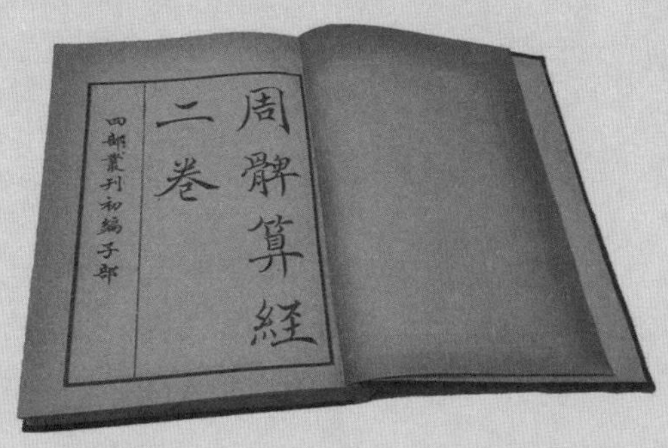

bèi yù míng shì shuí tā shè
贝聿铭是谁？他设
jì de jiàn zhù yǒu shén me tè sè
计的建筑有什么特色？

xiǎo xiǎo kē xué jiā
小小科学家

bèi yù míng chū shēng yú guǎng dōng guǎng zhōu zǔ jí jiāng sū sū zhōu
贝聿铭，出生于广东广州，祖籍江苏苏州，
shì měi jí huá rén jiàn zhù shī huò dé guò nián měi guó jiàn zhù xué huì jīn
是美籍华人建筑师，获得过1979年美国建筑学会金
jiǎng nián dì wǔ jiè pǔ lì zī kè jiǎng jí nián lǐ gēn zǒng tǒng bān
奖、1983年第五届普利兹克奖及1986年里根总统颁
fā de zì yóu jiǎng zhāng děng bèi yù wéi xiàn dài jiàn zhù de zuì hòu dà shī
发的自由奖章等，被誉为“现代建筑的最后大师”。
měi guó jiàn zhù jiè xuān bù nián wéi bèi yù míng nián
美国建筑界宣布1979年为“贝聿铭年”。

jiàn zhù jiè rén shì pǔ biàn rèn wéi bèi yù míng de jiàn zhù shè jì
建筑界人士普遍认为贝聿铭的建筑设计
yǒu sān gè tè sè
有三个特色：

yī shì jiàn zhù zào xíng yǔ suǒ chǔ huán jìng zì rán róng hé
一是建筑造型与所处环境自然融合；

èr shì kōng jiān chǔ lǐ dú jù jiàng xīn
二是空间处理独具匠心；

sān shì jiàn zhù cái liào kǎo jiū hé jiàn zhù nèi bù shè jì jīng qiǎo
三是建筑材料考究和建筑内部设计精巧。

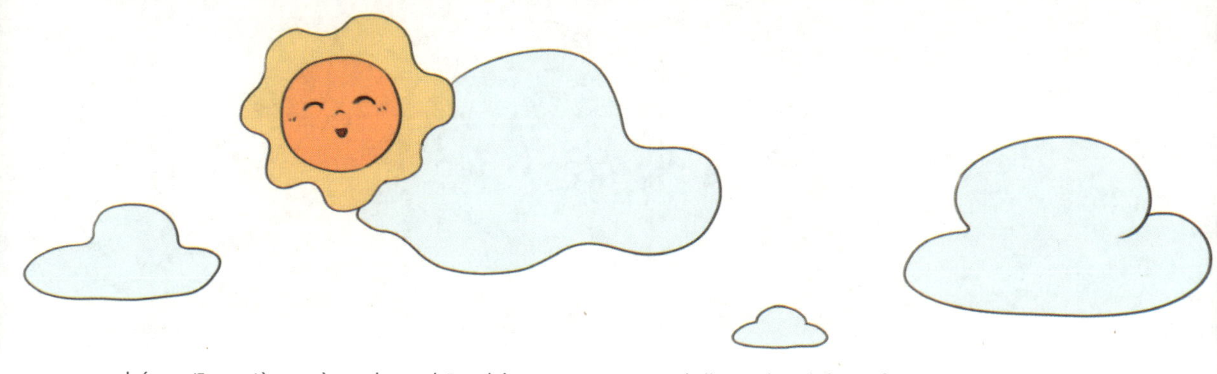

shén jī miào suàn de zhū bà —— biǎo nèi chéng fǎ (yī)

神机妙算的猪爸——表内乘法（一）

zhǎng wò chéng fǎ zhī shi, duì wǒ men shēng huó hěn yǒu bāng zhù, bǐ rú mǎi cài fù qián děng, jīng cháng yòng de shàng。

掌握乘法知识，对我们生活很有帮助，比如买菜付钱等，经常用得上。

yǒu qù de shì, zhū bà jìng rán néng yòng chéng fǎ tuī suàn chū jiān kòng shì pín zhōng de shí jì jù lí, ràng hān hān gǎn dào shí fēn shén qí…… xiǎng bú dào shēng huó zhōng hái cáng zhe zhè me duō shù xué ào mì!

有趣的是，猪爸竟然能用乘法推算出监控视频中的实际距离，让憨憨感到十分神奇……想不到生活中还藏着这么多数学奥秘！

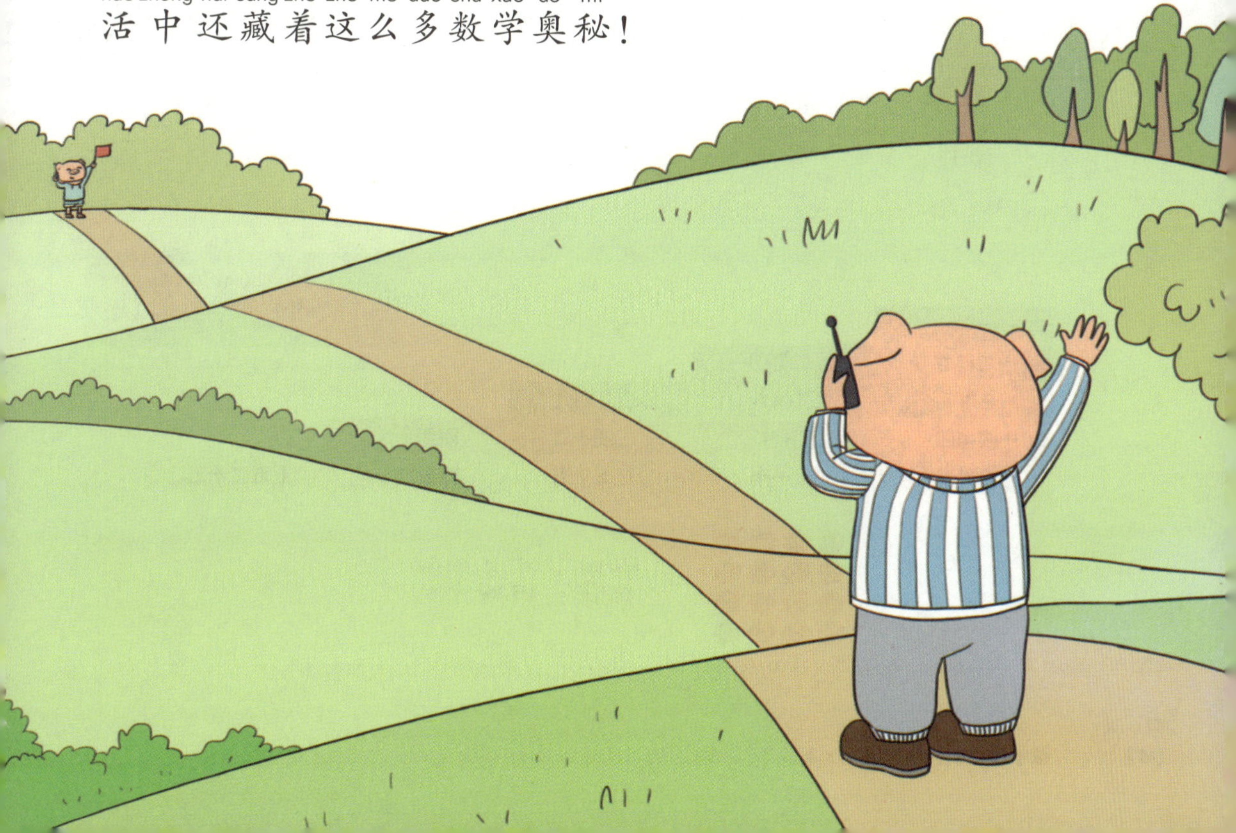

表内乘法（一）

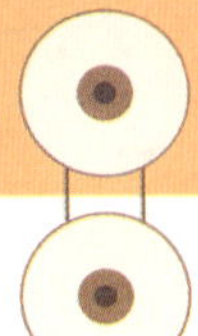

数学档案馆

表内乘法（一）

乘法的初步认识

含义

乘法是求几个相同加数的和的简便算法。

写法、读法

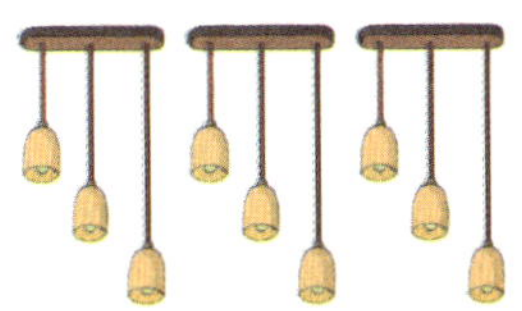

3+3+3=9

乘法算式：3×3=9

读作：3乘3等于9。

乘法算式各部分的名称：

3 × 3 = 9

乘数　乘数　积

1~5的乘法口诀

一一得一				
一二得二	二二得四			
一三得三	二三得六	三三得九		
一四得四	二四得八	三四十二	四四十六	
一五得五	二五一十	三五十五	四五二十	五五二十五

口诀：四四十六

chéng jiā chéng jiǎn
乘加、乘减

chéng jiā suàn shì zhōng yǒu chéng fǎ hé jiā fǎ
1. 乘加：算式中有乘法和加法。

rú
如：$\underbrace{3 \times 2}_{6} + 1 = 7$

chéng jiǎn suàn shì zhōng yǒu chéng fǎ hé jiǎn fǎ
2. 乘减：算式中有乘法和减法。

rú
如：$\underbrace{3 \times 5}_{15} - 2 = 13$

yùn suàn shùn xù xiān suàn chéng fǎ hòu suàn jiā fǎ hé jiǎn fǎ
3. 运算顺序：先算乘法，后算加法和减法。

jiě jué wèn tí
解决问题

qiú jǐ gè jǐ de hé yòng chéng fǎ jì suàn
1. 求几个几的和用乘法计算。

$3 \times 3 = 9$

qiú jǐ hé jǐ de hé yòng jiā fǎ jì suàn
2. 求几和几的和用加法计算。

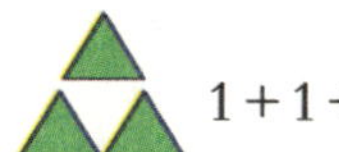

$1 + 1 + 1 = 3$

xiǎo péng you men zài jì yì chéng fǎ kǒu jué de shí hou kě yǐ lì yòng gù shi de xíng shì lái bāng zhù jì yì rú táng sēng shī tú zài qǔ jīng de guò chéng zhōng lì jīng le jiǔ jiǔ bā shí yī nàn sūn wù kōng yǒu bā jiǔ qī shí èr biàn ér zhū bā jiè zhǐ yǒu yí bàn fǎ lì sì jiǔ sān shí liù biàn yù dào yāo guài sūn wù kōng bù guǎn sān qī èr shí yī lūn qǐ jīn gū bàng jiù dǎ

小朋友们在记忆乘法口诀的时候，可以利用故事的形式来帮助记忆。如：唐僧师徒在取经的过程中历经了九九八十一难，孙悟空有八九七十二变，而猪八戒只有一半法力，四九三十六变，遇到妖怪，孙悟空不管三七二十一，抡起金箍棒就打。

神机妙算的猪爸

科学趣味故事

憨憨有个习惯，每天起床后的第一件事就是要检查一下家中的监控视频。他总怕家中出现什么意外，比如遇上小偷之类的闹心事。

这一天，憨憨突然发现视频中出现了一个红衣少年，而且行踪十分可疑……

1 在窗上“拃”来“拃”去

“老爸，不怕贼偷，就怕贼惦记啊！”不知什么时候，笨嘴拙舌的憨憨竟然学会了这句俗语。

大清早，憨憨在家中监控视频中，突然发现了一个红衣少年，张开大拇指和中指，在猪家的小窗

上，“拃”来“拃”去。憨憨心中很害怕，连忙告诉了猪爸。

阳光从窗口透进来，暖暖的，像手电筒照射的光。猪爸的这扇窗设计的初衷，就是为了让自家的房子有阳光、能通风。

“没发现什么问题！红衣少年好像在量窗户的大小或者高低。”猪爸轻哼了一声，“别大惊小怪的。”

“量窗户大小？是不是想破窗而入，为偷东西做准备呢？”憨憨心想，还是要提高警惕。

可是，猪爸琢磨了一番，认为这是红衣少年练习用自己的拇指和中指当作尺子测量。

“天啦，拇指和中指伸开来量一量，能当作尺子使用？”憨憨不相信。

科考手册

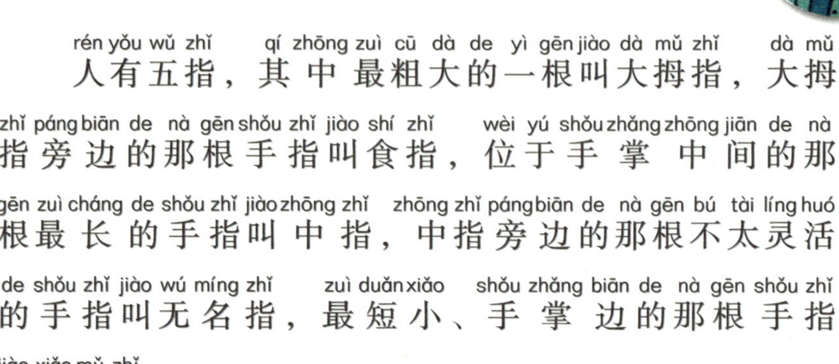

人有五指，其中最粗大的一根叫大拇指，大拇指旁边的那根手指叫食指，位于手掌中间的那根最长的手指叫中指，中指旁边的那根不太灵活的手指叫无名指，最短小、手掌边的那根手指叫小拇指。

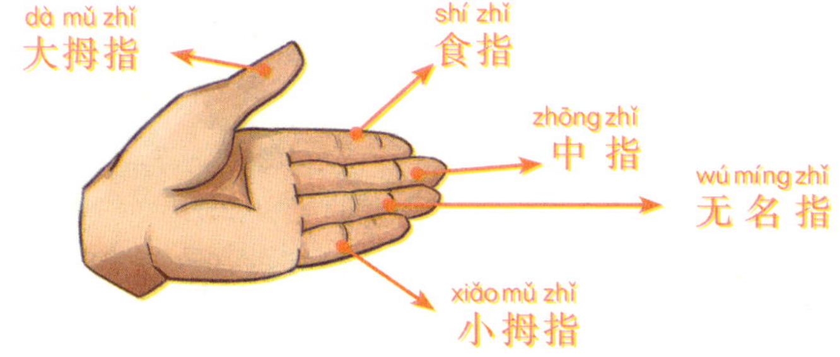

你看，他“拃”了5次。虽说每个人的“拃”不一样长，但假设他每一拃是10厘米，那说明我们的窗户长 5×10=50（厘米）。

真是这样吗？那老爸真是神机妙算！

听完猪爸的解释，憨憨不再担心和害怕，继续检查视频。

这时，猪爸也回去检查他的那辆越野车了。他准备带着一家人出去旅游呢。

2 在池塘边测量

过了一会儿，憨憨又惊恐地跑了过来。

“老爸，你看，那位红衣少年又走到了池塘前，鬼鬼祟祟，是不是要偷我们的水葫芦呀？那可是我预定的美食啊！”憨憨提醒猪爸，“千万不能大意。”

猪爸一听，也觉得不能大意，辛辛苦苦种植的水葫芦，长得正旺，将来加工一下可以食用呢。

“这个人不像是在偷东西，他好像对池塘里的东西一点都不感兴趣。”猪爸睁大眼睛仔细看监控视频。

视频的镜头是白天的场景，太阳还挂在半空，缕缕金光笼罩着绿油油的池塘。那位红衣少年在池塘边迈着轻盈的步伐，每一步的距离似乎都一样。

“老爸明白了！他在练习用脚步测量距离呢。”猪爸为自己的神机妙算得意起来，连声说，“一定是这样的。”

随后，猪爸分析说：“如果红衣少年每一步的长度约为50厘米，那么在池塘边走了多少步，用步数乘以50厘米，就可以算出池塘大约有多长。”

科考手册

一般来说，普通人走一步的长度（步长）大约在50厘米到80厘米之间。此外，由于男女之间存在着身高和腿长上的差异，因此步长也会有所不同，通常女性的步长比男性短。

“不信？你拿家里的米尺去量一量，再去池塘边走一走，用乘法算一算，结果肯定差不多呢。”猪爸高兴地说，“生活中处处有数学。”

憨憨听了，觉得猪爸讲得有道理。这时，憨憨发现监控视频中的那位红衣少年，走向了不远处的那片树林。

3 怀抱一棵大树

好奇的憨憨继续看监控视频。这一次，他又发现一件更奇怪的事情。

"老爸，你快来看，快来看。"憨憨发现视频中的红衣少年，伸展手臂，怀抱一棵大杨树。

"咦，他是不是想挖走那棵大杨树？"憨憨疑惑地说，"但如果真像老爸说的那样，他是不是在测量树干有多粗？"

"遇事不能总往坏处想。"猪爸说完，抬起头来，认真观察视频中的红衣少年。

"老爸，要是森林被砍伐，我们住在这里就不安全了。"憨憨越想越害怕，焦急地说，"那片森林可是我们家天然的屏障。"

猪爸边看边想，一时也猜不出红衣少年究竟想干什么。

"老爸，要不要报警呢？"憨憨紧张起来，越想越觉得问题严重。

"不用担心，他只是在测量。"猪爸缓缓地说，"我想起来了，人类这种动物很奇妙，是一种自

身就携带尺子的动物。假如这个人两只手臂平伸，两手指尖之间的长度和身高几乎是一样的！”

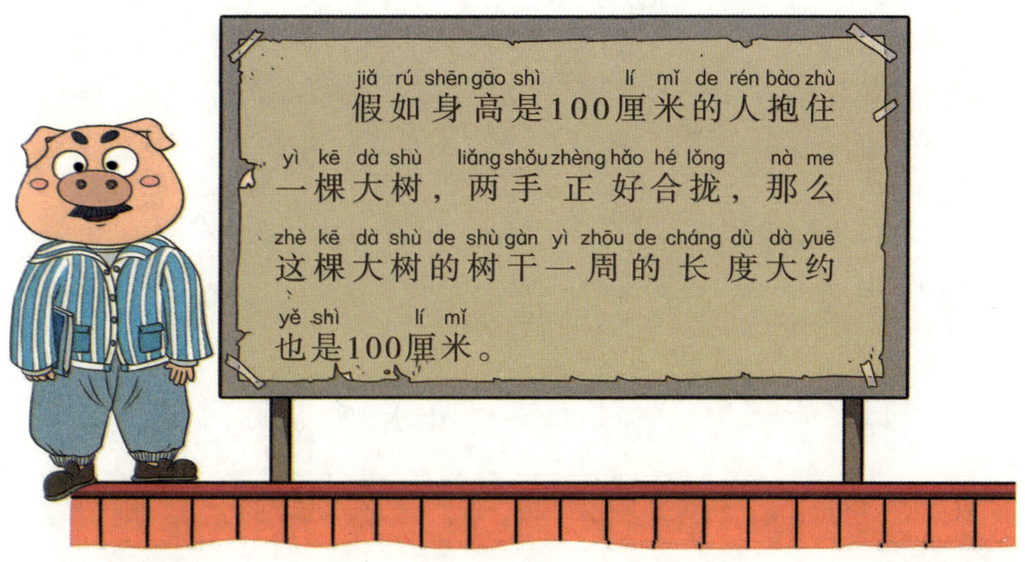

“快看！红衣少年心满意足地走了，他并不是来砍伐树木的。果然，遇事不能总往坏处想。老爸，你真是神机妙算啊！”憨憨听完爸爸的讲解，恍然大悟。

猪爸一听，哈哈大笑。他粗声粗气地指出：“这不是神机妙算，这是科学。”

古人如何测量长短

远古时代，人们最初是以人的手、脚等作为长度单位进行测量的。人们将两臂左右平伸时两手之间的距离叫作1庹，将张开大拇指和中指两端间的距离叫作1拃。

但实际上每个人的手、脚长度不同，在物品交换中会遇到很多困难，于是人们开始使用一些简单的测量工具，比如用一根绳子来比较长短。古埃及人就是使用绳子来丈量土地。

在我国，《史记》记载大禹在治水时，创造并使用了准、绳、规、矩四种测量工具。后来，商朝出现了象牙尺，从此尺成为了标准量具。到了公元九年，王莽制造的新莽铜卡尺，从外形上看，就很像如今的游标卡尺。

yì kē shù mù néng yǒu nǎ xiē zuò yòng
一棵树木能有哪些作用？

xiǎo xiǎo kē xué jiā
小小科学家

shù duì rén lèi lái shuō, yǒu hěn duō zuò yòng:
树对人类来说，有很多作用：

1 lǜ huà huán jìng 绿化环境

2 jìng huà kōng qì 净化空气

3 tiáo jié shī dù 调节湿度

4 gù dìng tǔ rǎng 固定土壤

5 zǔ dǎng fēng shā 阻挡风沙

谁能获奖——观察物体（一）

“横看成岭侧成峰，远近高低各不同”，这是诗人苏东坡描写庐山的诗。从数学的角度看，就是站在不同的角度来观察物体，看到的景象就各不相同。

米雅老师组织了一次“摄影大赛”，小摄影家们用照相机从不同的角度去拍摄，发现拍摄的画面果然不一样……

观察物体（一）

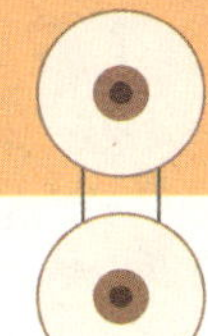

数学档案馆

观察物体（一）

观察物体

方法

确立观察者的位置；判断被观察物体的特征。

结果

从不同的位置观察同一物体，所看到的物体的形状一般不同。

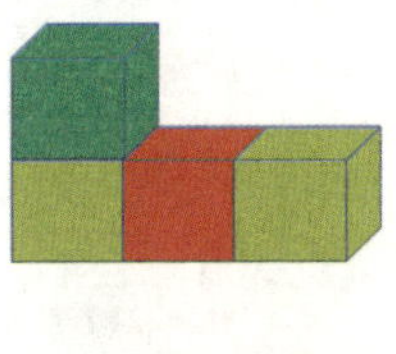

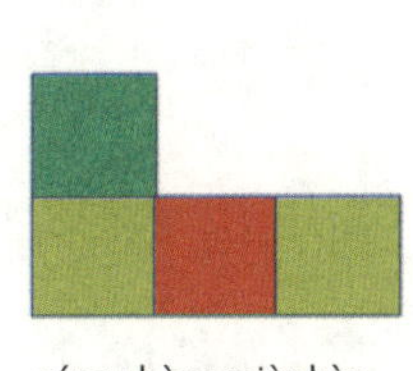

从正面看

从上面看

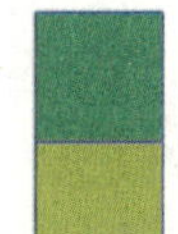

从侧面看

观察立体图形

方法

从正面和侧面观察物体时，眼睛一定要和物体在同一平面上。

jié guǒ
结果

cóng bù tóng fāng xiàng guān chá tóng yí gè lì tǐ tú xíng suǒ kàn dào de xíng zhuàng kě
从不同方向观察同一个立体图形，所看到的形状可
néng shì xiāng tóng de yě kě néng shì bù tóng de
能是相同的，也可能是不同的。

xiāng tóng guān chá zhèng fāng tǐ wú lùn cóng
1. 相同：观察正方体，无论从
nǎ yí miàn guān chá kàn dào de dōu shì zhèng fāng xíng
哪一面观察，看到的都是正方形，
wán quán yí yàng guān chá qiú tǐ kàn dào de dōu shì yuán
完全一样；观察球体，看到的都是圆。

bù tóng guān chá cháng fāng tǐ de mǒu yí
2. 不同：观察长方体的某一
miàn kàn dào de kě néng shì cháng fāng xíng huò zhèng
面，看到的可能是长方形或正
fāng xíng guān chá yuán zhù kàn dào de kě néng shì
方形；观察圆柱，看到的可能是
cháng fāng xíng huò yuán
长方形或圆。

yào fēn biàn chū guān chá zhě kàn dào de shì shén me tú xíng guān jiàn shì nòng qīng
要分辨出观察者看到的是什么图形，关键是弄清
chu guān chá zhě suǒ chǔ de wèi zhi rán hòu cóng guān chá zhě de jiǎo dù qù guān chá
楚观察者所处的位置，然后从观察者的角度去观察。
wù tǐ de zhèng miàn cè miàn hé shàng miàn shì xiāng duì yú guān chá zhě lái shuō de
物体的正面、侧面和上面是相对于观察者来说的。

谁能获奖

科学趣味故事

作为一名数学老师，米雅老师居然要举办“动物小学首届摄影大赛”，在校园里刮起了一阵不大不小的旋风：数学与摄影难道也有什么关联？摄影能解决数学问题吗？海报一贴出来，大家就开始七嘴八舌地议论起来。

1 大象摄影大赛

可是，不管别人怎么议论，米雅老师定下来的事情是不会轻易改变的。

米雅老师很快宣布了本次大赛的主题和拍摄对象。

米雅老师就是要检验一下数学课上学到的“观察物体”知识，怎样在摄影中运用。

“要拍摄好一幅摄影作品，除了掌握观察物体的角度以外，还要了解它的文化内涵。”米雅老师要求大家带着感情拍照。

摄影作品是凝固的诗。

于是，大家开始在网络、图书馆里查找大象的各种资料，比如大象的种类、食性、分布范围等。

为了能拍摄出好作品，大家做足了功课，谁也不想放弃这次展示自己才华的机会。

2 大象不想摆“造型”

上午七点多，阳光和煦。对于摄影爱好者来说，这个时间段是非常好的拍摄时间。小马哥、汪一鸣和帅克带着自己的摄影器材，前往芳草园。

“大象师傅，能不能麻烦您配合一下，我们要拍摄照片参加摄影比赛。”小马哥跑得最快，第一个来到了芳草园。

米雅老师又在搞什么新名堂？难道今天不用上数学课吗？

“大象师傅，帮个忙，摆个造型吧，给你拍几张艺术照。”汪一鸣的样子很乖巧。

科考手册

摄影、建筑、雕塑、绘画、书法、篆刻等都属于“造型艺术”，但是这里的“造型”指的是摆个姿势。

“什么意思？你们这是要宣传我，还是在消遣我？”大象师傅迷惑起来。

米雅老师听说这件事，笑着告诉大象师傅：“数学课里‘观察物体（一）’这个章节，能用在摄影艺术方面，摄影大赛就像一堂观察物体的实践课。”

“原来是这样。”大象师傅哼了一声。米雅老师又把他当教具使用，但大象师傅早就习惯了。

“拍照可以，摆造型就不必啦。”大象师傅想了想，委婉地拒绝了。

“好吧，我们尊重大象师傅的意见。”米雅老师

xiǎng le xiǎng shuō zài wán quán zì rán de zhuàng tài xià wǒ men gè zì zhǎo bù
想了想说，“在完全自然的状态下，我们各自找不
tóng jiǎo dù lái guān chá pāi shè fā xiàn bù yí yàng de měi
同角度来观察、拍摄，发现不一样的美。”

mǐ yǎ lǎo shī zǒng shì nà me tōng qíng dá lǐ
米雅老师总是那么通情达理。

yú shì dà jiā shǒu lǐ de zhào xiàng jī kā cā kā cā xiǎng gè
于是，大家手里的照相机“咔嚓”“咔嚓”响个
bù tíng
不停……

3 gān gà de dà xiàng shī fu
尴尬的大象师傅

jǐ tiān hòu dà xiàng shī fu shōu dào le hān hān sòng lái de yì dié shè yǐng
几天后，大象师傅收到了憨憨送来的一叠摄影
zuò pǐn
作品。

dà xiàng shī fu qǐng nín dāng huí píng wěi kàn kan nǎ xiē zuò pǐn pāi shè
“大象师傅，请您当回评委，看看哪些作品拍摄
de hǎo néng huò jiǎng hān hān pǎo de qì chuǎn xū xū yì biān qǔ chū zhào piàn
得好，能获奖。”憨憨跑得气喘吁吁，一边取出照片
yì biān shuō zhè shì mǐ yǎ lǎo shī de qǐng qiú
一边说，“这是米雅老师的请求。”

pāi shè duì xiàng shì dà xiàng pāi shè de hǎo bù hǎo dà xiàng shī fu dāng rán
拍摄对象是大象，拍摄得好不好，大象师傅当然
zuì jù yǒu huà yǔ quán
最具有话语权。

mǐ yǎ lǎo shī zhēn shì yǒu bàn fǎ ya ràng wǒ dāng yì wù píng wěi dà
“米雅老师真是有办法呀，让我当义务评委。”大
xiàng shī fu shēn chū cháng bí zi jiē guò le zhào piàn
象师傅伸出长鼻子，接过了照片。

科考手册

大象长期生活在光线很暗的密林里，视力逐渐退化，眼睛高度近视，但是它的听觉、嗅觉很发达，弥补了视力上的不足。

照片都是匿名的，上面只有编号。

大象师傅看着照片，慢慢地皱紧了眉头：1号作品光线用得不错，可惜只拍摄了两条腿，像两根柱子一样，显然这个角度有点低，仅仅是一个侧面；2号作品只拍摄了一根长鼻子和两颗大象牙，像一根弯曲的管子配上两把细长的弯刀，这是从正前方拍摄的；3号作品只拍摄到浑圆的大屁股，像一堵墙立在那里，这是从正后方拍摄的……

kē kǎo shǒu cè
科考手册

dà xiàng de cháng bí zi kě yǐ zì yóu
大象的长鼻子可以自由
wān qū hěn líng huó shèn zhì néng shí qǐ
弯曲，很灵活，甚至能拾起
dì shàng de yì gēn xiù huā zhēn ne
地上的一根绣花针呢。

zhè xiē zhào piàn shàng de shì wǒ yòu bú shì wǒ dà xiàng shī fu kàn
“这些照片上的是我，又不是我。”大象师傅看
lái kàn qù gān gà de shuō nán dào wǒ jiù shì liǎng gēn zhù zi yì gēn guǎn
来看去，尴尬地说，“难道我就是两根柱子、一根管
zi liǎng bǎ dāo yì dǔ qiáng
子、两把刀、一堵墙？”

hān hān jiāng zhào piàn shōu qǐ fàng hǎo kàn zhe dà xiàng shī fu rěn bú zhù
憨憨将照片收起放好，看着大象师傅，忍不住
wèn shuí néng huò jiǎng
问：“谁能获奖？”

yī wǒ kàn shuí yě bù néng huò jiǎng dà xiàng shī fu yán sù de shuō
“依我看，谁也不能获奖！”大象师傅严肃地说，
nǐ qù gào su mǐ yǎ lǎo shī yào xiǎng pāi chū wǒ de quán mào pāi shè chū wǒ
“你去告诉米雅老师，要想拍出我的全貌，拍摄出我
de fēng cǎi zhǐ yǒu tā qīn zì chū miàn cái xíng
的风采，只有她亲自出面才行！”

hān hān tīng le yì liǎn máng rán
憨憨听了，一脸茫然。

hòu lái mǐ yǎ lǎo shī míng bai dà xiàng shī fu de xīn si dēng gāo huò
后来，米雅老师明白大象师傅的心思：登高或

zhě yuǎn yì diǎn pāi chū de zhào piàn cái yǒu kě néng bǎ dà xiàng shī fu de quán mào
者远一点拍出的照片，才有可能把大象师傅的全貌

pāi shè chū lái kě shì zhè xiē shè yǐng zuò pǐn zěn me bàn sī suǒ piàn kè
拍摄出来。可是，这些摄影作品怎么办？思索片刻，

mǐ yǎ lǎo shī jué dìng běn cì dà sài suǒ yǒu zuò pǐn dōu huò jiǎng
米雅老师决定：本次大赛所有作品都获奖！

yuán lái mǐ yǎ lǎo shī rèn wéi tóng xué men xué huì le cóng bù tóng jiǎo dù
原来，米雅老师认为：同学们学会了从不同角度

lái guān chá wù tǐ jiù yǐ jīng shí xiàn le shí jiàn kè de mù biāo
来观察物体，就已经实现了实践课的目标。

kē xué dàng àn guǎn
科学档案馆

hěn jiǔ yǐ qián xiàng huá shèng dùn huò ná pò lún zhè yàng de lì shǐ rén
很久以前，像华盛顿或拿破仑这样的历史人
wù xiào xiàng bú shì yòng zhào piàn bǎo cún de ér shì tōng guò huì huà cái ràng hòu
物肖像不是用照片保存的，而是通过绘画才让后
rén kě yǐ yì dǔ fēng cǎi shì jì nián dài fǎ guó yī shēng ní
人可以一睹丰采。19世纪20年代，法国医生尼
āi pǔ sī fā míng le rì guāng kè shí fǎ yòng yí gè àn xiāng zài yí
埃普斯发明了“日光刻蚀法”，用一个暗箱在一
kuài tú le lì qīng de bái là bǎn shàng wán chéng rén lèi dì yī zhāng zhào piàn de
块涂了沥青的白蜡板上完成人类第一张照片的
pāi shè shì jì nián dài rén men cǎi yòng le yín diǎn gǎn guāng bǎn
拍摄。19世纪30年代，人们采用了银碘感光板
shè yǐng jì shù shǐ shè yǐng jì shù tí gāo le yí dà bù nián
摄影技术，使摄影技术提高了一大步。1888年，
měi guó rén yī sī màn fā míng le jiāo juǎn hé xiǎo hé zi zhào xiàng jī cóng
美国人伊斯曼发明了胶卷和小盒子照相机。从
cǐ zhào xiàng bú zài shì yí jiàn xī han shì jí dà de fēng fù le rén men
此，照相不再是一件稀罕事，极大地丰富了人们
de shēng huó rén men kě yǐ jiāng nà xiē shāo zòng jí shì de měi hǎo shùn jiān
的生活，人们可以将那些稍纵即逝的美好瞬间
cháng jiǔ de bǎo cún xià lái
长久地保存下来。

yà zhōu xiàng céng zài wǒ guó huáng hé
liú yù shēng huó guò wèi shén me hòu lái
huì qiān xǐ dào nán fāng

亚洲象曾在我国黄河流域生活过，为什么后来会迁徙到南方？

xiǎo xiǎo kē xué jiā

小小科学家

lì shǐ shàng wǒ guó de huáng hé liú yù bǐ rú xiàn zài de hé nán shěng jìng
历史上我国的黄河流域，比如现在的河南省境
nèi jiù yǒu yà zhōu xiàng huó dòng de hén jì yà zhōu xiàng zhǔ yào yǐ zhú sǔn
内，就有亚洲象活动的痕迹。亚洲象主要以竹笋、
yě bā jiāo hé zōng yè lú děng zhí wù zuò wéi shí wù hòu lái yóu yú qì hòu huán
野芭蕉和棕叶芦等植物作为食物。后来，由于气候环
jìng de biàn huà yuán yǒu de qī xī dì wú fǎ mǎn zú shí wù xū qiú bāo kuò rén
境的变化，原有的栖息地无法满足食物需求，包括人
lèi huó dòng de yǐng xiǎng yà zhōu xiàng cái màn màn qiān xǐ dào nán fāng
类活动的影响，亚洲象才慢慢迁徙到南方。

yuán xiān shēng huó zài běi fāng
原先生活在北方，
rú jīn zài nán fāng móu shēng
如今在南方谋生。

一支难忘的《九九歌》

——表内乘法（二）

《表内乘法（二）》让我们分别学会了“7”“8”“9”的乘法口诀，在日常生活中，这些乘法口诀很有用处。

其中，在我国广泛流传的《九九歌》里，就隐藏着“9”的乘法知识，米雅老师敏锐地发现了气象里的数学……

表内乘法（二）

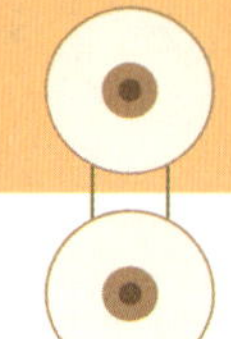

数学档案馆

表内乘法（二）

内容：7的乘法口诀

一七得七，二七十四，三七二十一，四七二十八，五七三十五，六七四十二，七七四十九。每相邻两句乘法口诀的得数相差7。

应用

一共有多少颗橘子瓣糖？

7×5=35（颗），

想“五七三十五”。

内容：8的乘法口诀

一八得八，二八十六，三八二十四，四八三十二，五八四十，六八四十八，七八五十六，八八六十四。每相邻两句乘法口诀的得数相差8。

应用

一共有多少条腿？

8×3=24（条），

想“三八二十四”。

9的乘法口诀

内容

一九得九，二九十八，三九二十七，
四九三十六，五九四十五，六九五十四，
七九六十三，八九七十二，九九八十一。

每相邻两句乘法口诀的得数相差9。

应用

一共有多少个黄色球？

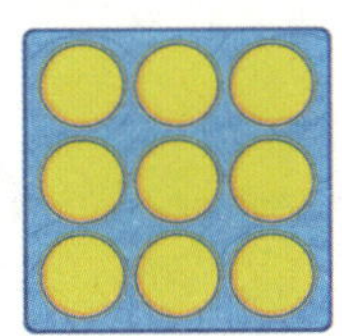
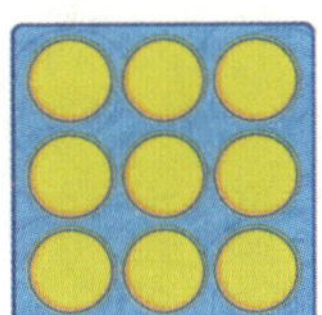

9×2=18（个），

想“二九十八”。

解决问题

1. 利用画图的方法弄清数量间的关系来解决购物问题。

2. 解决够不够问题时，先求出要比较的两个量，再进行比较，最后得出结论。

小贴士

小朋友们在背诵口诀时，可以配上歌谣方便记忆呢！如：“1只螃蟹1张嘴，2只眼睛8条腿；2只螃蟹2张嘴，4只眼睛16条腿；3只螃蟹3张嘴，6只眼睛24条腿……”

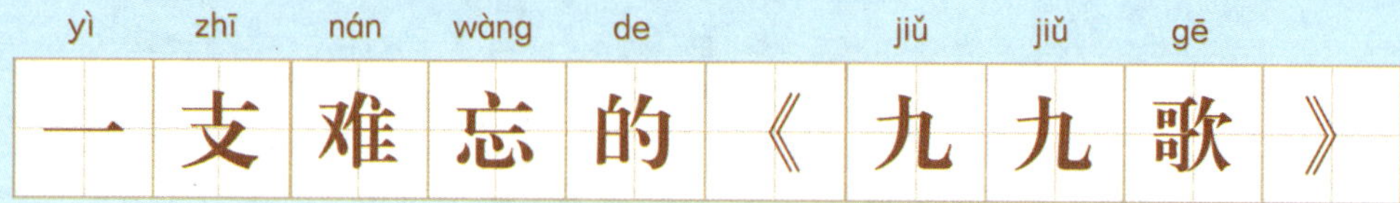

kē xué qù wèi gù shi
科学趣味故事

xiǎo tù zi jīng jīng néng chéng wéi gē xīng ma hān hān měi yí cì jiàn dào
小兔子晶晶能成为歌星吗？憨憨每一次见到
tā xīn lǐ dōu huì méng shēng chū zhè yàng de xiǎng fǎ ér qiě zài shù xué
她，心里都会萌生出这样的想法。而且，在数学
kè shàng hān hān tīng le jīng jīng chàng de jiǔ jiǔ gē hòu gèng jué de tā
课上，憨憨听了晶晶唱的《九九歌》后，更觉得她
yǒu gē xīng de fànr
有歌星的范儿。

chàng de bǐ shuō de hǎo
1 唱得比说得好

mǐ yǎ lǎo shī bèi kè cóng lái dōu shì shí fēn yòng xīn hěn yǒu tái shàng
米雅老师备课从来都是十分用心，很有“台上
shí fēn zhōng tái xià shí nián gōng de gǎn jué wèi le jiāo hǎo biǎo nèi chéng fǎ
十分钟，台下十年功”的感觉。为了教好“表内乘法
èr tā xiǎng le hěn duō bàn fǎ bāo kuò huà biǎo gé ya bèi kǒu jué ya
（二）”，她想了很多办法，包括画表格呀、背口诀呀，
zuì hòu hái xiǎng dào le dà jiā xiǎo shí hou zuì shú xi de jiǔ jiǔ gē
最后还想到了大家小时候最熟悉的《九九歌》。

xiǎng dào zhè lǐ mǐ yǎ lǎo shī xīn zhōng tū rán yí liàng
想到这里，米雅老师心中突然一亮。

第二节是数学课，米雅老师满面春风地走进教室。她抛出的第一个问题，竟然是谁会背诵《九九歌》。

“有会背诵《九九歌》的吗？”米雅老师看了看大家，又问了一遍，“除了语文课，其他课上也可以背诵儿歌呀。”

原来，米雅老师想告诉大家：学科是互通的、融合的，就像语文课中有科学知识，数学课中也有语文、科学知识。

dà jiā dōu dī tóu bù yǔ jiào shì lǐ yí xià zi ān jìng le xià lái
大家都低头不语，教室里一下子安静了下来。

lǎo shī wǒ bú huì bèi dàn shì huì chàng xiǎo tù zi jīng jīng xiū sè
“老师，我不会背，但是会唱。”小兔子晶晶羞涩

de shuō yì kāi kǒu chàng gē cí jiù xiǎng qǐ lái le
地说，“一开口唱，歌词就想起来了。”

shuō wán jīng jīng de liǎn jiù hóng le
说完，晶晶的脸就红了。

nà bú shì gèng hǎo ma chàng ba mǐ yǎ lǎo shī wēi xiào zhe gǔ lì
“那不是更好吗？唱吧。”米雅老师微笑着鼓励

jīng jīng
晶晶。

yú shì jīng jīng dà dà fāng fāng de chàng le qǐ lái
于是，晶晶大大方方地唱了起来：

yī jiǔ èr jiǔ bù chū shǒu
一九二九不出手；

sān jiǔ sì jiǔ bīng shàng zǒu
三九四九冰上走；

wǔ jiǔ liù jiǔ yán hé kàn liǔ
五九六九，沿河看柳；

qī jiǔ hé kāi bā jiǔ yàn lái
七九河开，八九雁来；

jiǔ jiǔ jiā yì jiǔ
九九加一九，

gēng niú biàn dì zǒu
耕牛遍地走。

shuí yě xiǎng bú dào jīng jīng néng yòng zì jǐ de fāng shì lái yǎn chàng zhè shǒu jiǔ jiǔ gē ér qiě shēng qíng bìng mào
谁也想不到，晶晶能用自己的方式来演唱这首《九九歌》，而且声情并茂。

jiào shì lǐ xiǎng qǐ le huān kuài de zhǎng shēng
教室里响起了欢快的掌声。

kē kǎo shǒu cè
科考手册

jiǔ jiǔ gē zhǔ yào zài wǒ guó de huáng hé liú yù liú chuán yán hé kàn liǔ zhōng de hé zhǐ de jiù shì huáng hé rú guǒ bǎ zhè shǒu gē yòng zài wǒ guó de kūn míng guǎng zhōu děng dì jiù bú shì hé le yīn wèi nán běi qì hòu bù tóng
《九九歌》主要在我国的黄河流域流传，“沿河看柳”中的“河”指的就是黄河。如果把这首歌用在我国的昆明、广州等地就不适合了，因为南北气候不同。

hǎo gē jiù xiàng yì fú huà

2 好歌就像一幅画

jiǔ jiǔ gē liú chuán hěn guǎng yǐng xiǎng hěn dà xiǎng yi xiǎng dà
“《九九歌》流传很广，影响很大。想一想，大

jiā wèi shén me huì xǐ huan tā ne xiǎn rán mǐ yǎ lǎo shī xiǎng cóng zhè shǒu gē
家为什么会喜欢它呢？”显然，米雅老师想从这首歌

lǐ wā jué diǎn shén me
里挖掘点什么。

kě shì dà jiā miàn miàn xiāng qù bù zhī dào gāi shuō shén me hǎo
可是，大家面面相觑，不知道该说什么好。

lǎo shī wǒ tīng gē lǐ yǒu hěn duō nèi róng guò le yí huìr xiǎo
“老师，我听歌里有很多内容。”过了一会儿，小

mǎ gē jǔ shǒu zhàn qǐ lái shuō tā jiù xiàng yì fú huà
马哥举手，站起来说，“它就像一幅画。”

méi cuò miáo xiě de nèi róng zhēn xiàng yì fú huà yí xiàng kuài zuǐ de
“没错。描写的内容真像一幅画。”一向快嘴的

shuài kè yě xǐng wù guò lái lì jí gēn le yí jù
帅克也醒悟过来，立即跟了一句。

hǎo de nà me qǐng dà jiā wéi rào zì jǐ de lǐ jiě zhǎo yi zhǎo
“好的，那么请大家围绕自己的理解，找一找

jiǔ jiǔ gē lǐ yǒu nǎ xiē huà miàn mǐ yǎ lǎo shī nài xīn de yǐn dǎo dà jiā
《九九歌》里有哪些画面？”米雅老师耐心地引导大家。

jiào shì lǐ de qì fēn jiàn jiàn huó yuè qǐ lái
教室里的气氛渐渐活跃起来。

yǒu de shuō yī jiǔ èr jiǔ lěng de yào dài shǒu tào què néng kàn dào yì
有的说，“一九二九”冷得要戴手套，却能看到一

qún bú pà lěng de hái zi zài bīng shàng wán shuǎ fǎng fú tīng dào le zhèn zhèn xiào shēng
群不怕冷的孩子在冰上玩耍，仿佛听到了阵阵笑声；

yǒu de shuō wǔ jiǔ liù jiǔ yǐ hòu néng gòu kàn dào yán hé de liǔ shù zuì xiān
有的说，“五九六九”以后，能够看到沿河的柳树最先

发芽、抽绿了；有的说，“七九”以后，结冰的河面开始融化，大雁从南方飞回来，在空中留下欢快的叫声；有的说，“九九加一九”，春天就到了，耕牛开始在新春的大地上耕耘……

“那么，从《九九歌》里能不能发现数学的奥秘呢？”米雅老师打算从另一个角度来欣赏这支歌。

可是，大家仍陶醉在如歌如画的美妙幻想中，一时还转不过弯来。

3 藏在歌词里的口诀

停顿片刻，米雅老师决定再次引导大家“破题”。

“请大家数一下，这里一共有多少个‘九’？”米雅老师告诉大家，这首《九九歌》属于节气歌，记载的是人类对节气变化的经验总结，“九”从时间概念上讲是“九天”。

“一共有11个‘九’。”晶晶对这首歌最熟悉，一下子在心里把“九”字数了出来。

“那么，这九天是从哪一天开始计算的呢？”米雅老师略作停顿说，“是从冬至那天开始数起的。”

随后，米雅老师以2022年为例，从12月22日开始数九天，于是出现了这样的排列：

米雅老师按照天数来排，排列完以后，正好是“9的乘法口诀”：从12月22日起开始数天数，一九是1×9=9，二九是2×9=18，三九是3×9=27……九九是9×9=81，要从冬至数到春暖花开，需要数完整整81天呢！

《九九歌》的尽头就是美丽的春天！

èr shí sì jié qì gē

二十四节气歌

zài wǒ guó hái yǒu yì shǒu liú chuán hěn guǎng de chuán tǒng bǎn běn de
在我国还有一首流传很广的传统版本的
èr shí sì jié qì gē xīn huá zì diǎn dì bǎn fù lù tā
《二十四节气歌》(《新华字典》第11版附录)，它
yòng shī gē de xíng shì bǎ èr shí sì jié qì chuàn le qǐ lái tōng sú yì
用诗歌的形式，把二十四节气串了起来，通俗易
dǒng quán wén rú xià
懂，全文如下：

chūn yǔ jīng chūn qīng gǔ tiān xià mǎn máng xià shǔ xiāng lián
春雨惊春清谷天，夏满芒夏暑相连。
qiū chǔ lù qiū hán shuāng jiàng dōng xuě xuě dōng xiǎo dà hán
秋处露秋寒霜降，冬雪雪冬小大寒。
měi yuè liǎng jié bú biàn gēng zuì duō xiāng chā yì liǎng tiān
每月两节不变更，最多相差一两天。
shàng bàn nián lái liù niàn yī xià bàn nián shì bā niàn sān
上半年来六廿一，下半年是八廿三。

农历的“二十四节气”有科学道理吗？

小小科学家

古人通过观察太阳周年运动，认知一年中时令、气候、物候等方面变化规律，把天文、自然节律和民俗巧妙地结合起来，创造了二十四节气。2016年11月30日，二十四节气正式被列入联合国教科文组织人类非物质文化遗产代表作名录。

shā mò dà àn　　rèn shi shí jiān

沙漠大案——认识时间

xiàng shí zhēn　fēn zhēn zhè yàng de shí jiān gài niàn jí qí yìng yòng　xué xí wán
像时针、分针这样的时间概念及其应用，学习完

rèn shi shí jiān　hòu wǒ men dōu zhī dào le　kě shì　mǐ yǎ lǎo shī fā xiàn zài
“认识时间”后我们都知道了。可是，米雅老师发现在

àn jiàn zhēn pò zhōng jìng rán kě yǐ yòng dào zhè lǐ miàn de zhī shi
案件侦破中竟然可以用到这里面的知识……

rèn shi shí jiān
认识时间

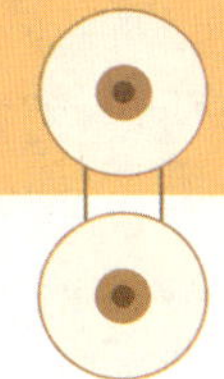

shù xué dàng àn guǎn
数学档案馆

rèn shi shí jiān
认识时间

rèn shi zhōng miàn
认识钟面

zhōng miàn shàng yǒu shí zhēn hé fēn zhēn zǒu de kuài
钟面上有时针和分针，走得快
de jiào cháng de shì fēn zhēn zǒu de màn de jiào duǎn
的，较长的是分针；走得慢的，较短
de shì shí zhēn fēn zhēn zhǐ xiàng
的是时针；分针指向12，
shí zhēn zhǐ xiàng jǐ jiù shì jǐ shí
时针指向几，就是几时
zhěng shí zhēn hé fēn zhēn néng xíng chéng
整；时针和分针能形成
zhí jiǎo de zhěng shí shí kè shì shí hé shí
直角的整时时刻是3时和9时。

shí zhēn fēn zhēn
时针、分针

zhōng miàn shàng yǒu gè dà gé gè xiǎo gé
钟面上有12个大格、60个小格，
gè dà gé lǐ yǒu gè xiǎo gé shí zhēn zǒu dà gé shì
1个大格里有5个小格。时针走1大格是
shí fēn zhēn zǒu xiǎo gé shì fēn zǒu dà gé shì
1时；分针走1小格是1分，走1大格是
fēn zǒu quān shì fēn
5分，走1圈是60分。

gōng shì
公式

shí fēn
1时=60分；
bàn xiǎo shí fēn
半小时=30分；
yí kè fēn
一刻=15分。

读写

几时几分表示法

在汉字“时”和“分”的前面分别写上对应的数。

如图中可以读作4时30分，也可以读作4时半。

电子表形式表示法

1. 中间加“:”把时和分隔开。
2. “:”前面的数表示几时，当分针指向12时，时针指向几，就写几。
3. “:”后面的数表示几分，分针从12起走了多少个小格，就是多少分。

应该是：3时55分可以写作3:55。

如果此时不是整时，当小于半时，指针指向两数之间且接近较小的数；当大于半时，时针指向两数之间且接近较大的数。

沙漠大案

科学趣味故事

中午放学这段时间，米雅老师喜欢在躺椅上悠然自得地躺着，拿一份她最喜欢的《动物王国大案纪实》报纸来消磨时光。在她看来，侦破案件的推理与数学思维是“同门兄弟”，或者说破案用得上数学知识呢。当她看到第二版头条《发生在大沙漠里的大案》这篇报道的时候，双眼顿时发亮……

1 大灰狼报案

米雅老师仔细地把全文阅读了一遍，在下午上课前，她叫来了小马哥、汪一鸣、憨憨和晶晶，开始讲给他们听。

“鸵鸟能伤到小灰狼？”晶晶竖起了耳朵，根本不相信。

“当然，报纸上就是这么写的，而且大灰狼也是这么报案的。”说完，米雅老师把大灰狼报案这一段复述了一遍。

“中国大西北的沙漠里有一对来自非洲草原的鸵鸟夫妇。2021年9月28日深夜11点左右，大灰狼和儿子小灰狼出来散步，看到鸵鸟太太在那里休息。调皮的小灰狼从故事中听说鸵鸟遇到危险就会把头埋进沙里，顾头不顾腚。于是，他便想去吓唬鸵鸟太太，然后趁机偷一枚鸵鸟蛋当作玩具。可是，想不到鸵鸟太太不仅不往沙里钻，反而凶猛地冲了上去，一把抓伤了大灰狼的眼睛，然后再冲向小灰狼，在他的肚子上扎出了一个大洞……太惨啦，小灰狼受了重伤。

“为了躲避鸵鸟太太，大灰狼带着小灰狼拼命逃

cuàn zuì zhōng tā men pǎo dào le zhuó mù niǎo jǐng zhǎng nà lǐ bào àn chēng tuó niǎo
窜。最终他们跑到了啄木鸟警长那里报案，称鸵鸟
tài tai gù yì shāng hài xiǎo huī láng qǐng zhuó mù niǎo jǐng zhǎng chū dòng jǐng lì zhuā bǔ
太太故意伤害小灰狼，请啄木鸟警长出动警力抓捕
tuó niǎo tài tai
鸵鸟太太。”

cóng méi tīng shuō dǎn xiǎo de tuó niǎo néng dǎ bài xiōng měng de láng zài shuō tuó
“从没听说胆小的鸵鸟能打败凶猛的狼，再说鸵
niǎo de chì bǎng hěn duǎn shēn tǐ yòu zhòng fēi bù qǐ lái zěn me kě néng zhuī de
鸟的翅膀很短，身体又重，飞不起来，怎么可能追得
shàng dà huī láng xiǎo mǎ gē biǎo shì bù lǐ jiě
上大灰狼？”小马哥表示不理解。

kē kǎo shǒu cè
科考手册

tuó niǎo zhǎng de rén
鸵鸟长得“人
gāo mǎ dà shēn cháng yuē
高马大”，身长约2
mǐ shēn gāo mǐ duō
米，身高3米多。

nà me zhuó mù niǎo jǐng zhǎng xiāng xìn ma hān hān dā la zhe nà duì
“那么，啄木鸟警长相信吗？”憨憨耷拉着那对
dà ěr duo yǎn lǐ yí piàn mí máng
大耳朵，眼里一片迷茫。

mǐ yǎ lǎo shī tīng le xiào ér bù dá zhè kě shì tā yí guàn de fēng gé
米雅老师听了，笑而不答，这可是她一贯的风格：
ràng dà jiā zài yí wèn zhōng xué huì sī kǎo
让大家在疑问中学会思考。

2 鸵鸟太太的证词

“老师，能不能请法医来鉴定一下小灰狼的伤口？一切不就真相大白了？”汪一鸣特别爱动脑筋，一下子想到了关键处。

米雅老师告诉他，啄木鸟警长确实请了法医去鉴定，发现大灰狼的眼伤和小灰狼肚子上的伤口很有可能是鸵鸟干的。鸵鸟只要伸出粗壮有力的腿，用力一蹬，就可以把小灰狼踢翻在地，又尖又硬的脚趾也完全有可能在他肚子上扎出一个洞！

可是，鸵鸟太太来到啄木鸟警长的办公室后，就是不认账。

“那鸵鸟太太怎么说的？”小马哥继续追问。

米雅老师把报纸递给了小马哥，要他们认真看

看，还说这个案件很有趣，里面藏着数学课讲的《认识时间》呢。

原来，鸵鸟太太拿来日记作为证词：2021年9月28日，晴，下午6点，夜幕降临，开始吃晚饭，然后健身、休息，10点开始孵宝宝……

“我身体这么胖，130多千克，能跑得起来吗？能追上一头狼吗？”鸵鸟太太振振有词地说。

科考手册

鸵鸟是世界上体型最大的鸟，不会飞，但奔跑得很快，脖子很长，双翼短小，但腿很长。

3 藏在时间里的谎言

“你们能不能找到鸵鸟太太说话的破绽？”米雅老师问道。

“破绽？难道鸵鸟太太在说谎？”汪一鸣两眼在报纸上扫来扫去。

“啄木鸟警长会上鸵鸟太太的当？”晶晶跟着问。

大家都争着看报纸，希望从上面能发现什么新线索，只可惜案情下半部分在报纸的另一个版面，米雅老师不让大家看。

遗憾的是，大家想了半天，找不出鸵鸟太太的破绽。

米雅老师低下头，看了看腕表，已经是下午1点45分了，下午2点还有课，只好把原因告诉大家。

原因有几点：秋季的大西北下午6点左右，夜幕不会降临；夜晚10点，鸵鸟妈妈一般是不孵蛋的，按照鸵鸟家庭分工，夜里孵蛋的工作是由鸵鸟爸爸来完成的；鸵鸟短距离奔跑的速度很快，每小时可达50千米以上，追赶大灰狼并不难。

至于鸵鸟太太说谎的原因，主要是她担心因为重伤了小灰狼，需要担责……

科考手册

由于时区原因，西北某些地区和北京时差甚至达到3小时，所以我国西北地区太阳落山很“晚”，按照北京时间的晚上七八点，天还亮着。

大家听完后都恍然大悟，想不到“时间”竟然能发挥这么神奇的作用！

科学档案馆

鸵鸟主要以植物为主食，偶尔也吃昆虫和小动物，喜欢群居。它生的蛋很大，一枚鸵鸟蛋大约有 15 厘米到 20 厘米那么长，重约 1300 克，相当于 30 多个鸡蛋的重量。鸵鸟蛋壳厚约 2.5 毫米，非常坚固。一个 94 千克的大胖子，站到鸵鸟蛋上，也不会把它压破。由于蛋太大，蛋壳太厚，放在水里煮都需要 40 分钟才能煮熟。

你知道钟表上的时针、分针和秒针的来历吗？

小小科学家

世界上第一台真正的“钟”是1386年英国制造的。这种钟依靠重锤下坠作为动力，钟面上仅有孤零零的一根时针。1556年，由于钟的走时准确性有了提高，才开始出现第二根针，即分针。到了1760年，钟面上终于有了第三根针，即秒针。那时候，最好的钟表昼夜误差已经达到了1秒以内。

kūn chóng de liáng shi wēi jī
昆虫的“粮食危机”

shù xué guǎng jiǎo dā pèi yī
——数学广角：搭配（一）

gěi nǐ gè shù zì rú rèn yì xuǎn qǔ gè shù zì
给你3个数字，如5、7、9，任意选取2个数字
zǔ chéng liǎng wèi shù yí gòng néng zǔ chéng jǐ gè liǎng wèi shù zhè yàng de dā
组成两位数，一共能组成几个两位数？这样的搭
pèi kě yǐ tōng guò liè biǎo huò huà tú pái liè chū lái shēng huó zhōng zhè yàng de dā
配可以通过列表或画图排列出来。生活中，这样的搭
pèi hái yǒu hěn duō
配还有很多。

zài kūn chóng shì jiè lǐ xǔ duō xiǎo kūn chóng yě zhǎng wò le dā pèi
在昆虫世界里，许多小昆虫也掌握了“搭配”
de fāng fǎ jū rán jiě jué le liáng shi wēi jī
的方法，居然解决了“粮食危机”。

shù xué guǎng jiǎo dā pèi yī
数学广角：搭配（一）

shù xué dàng àn guǎn
数学档案馆

shù xué guǎng jiǎo dā pèi yī
数学广角：搭配（一）

nèi róng
内容

jiě jué shù zì pái liè de wèn tí guān jiàn shì zuò dào bù chóng fù bù yí lòu
解决数字排列的问题，关键是做到不重复、不遗漏。

jiǎn dān de pái liè
简单的排列

lì yòng sān gè shù zì zhōng rèn yì liǎng gè shù zì kě yǐ zǔ chéng liù gè bù tóng de liǎng wèi shù
例 用3、4、7三个数字中任意两个数字可以组成六个不同的两位数。

diào huàn wèi zhì fǎ
调换位置法

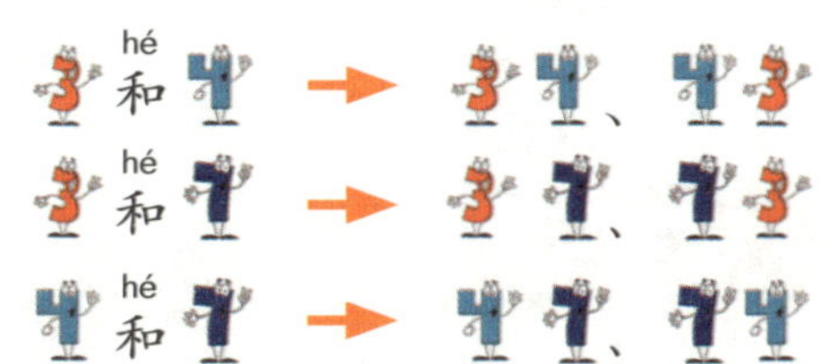

gù dìng shí wèi fǎ
固定十位法

shí wèi 十位	3		4		7	
gè wèi 个位	4	7	3	7	3	4

nèi róng
内容

rèn xuǎn liǎng gè shù qiú hé (jī) shì zǔ hé wèn tí, yǔ shùn xù wú guān.
1. 任选两个数求和（积）是组合问题，与顺序无关。

kě yǐ yòng liè biǎo fǎ huò lián xiàn fǎ jiě dá.
2. 可以用列表法或连线法解答。

jiǎn dān de zǔ hé
简单的组合

lì cóng zhōng rèn qǔ liǎng gè shù qiú jī, dé shù yǒu sān zhǒng kě néng.
例 从3、4、7中任取两个数求积，得数有三种可能。

liè biǎo fǎ
列表法

chéng shù 乘数	chéng shù 乘数	jī 积
3	4	12
3	7	21
4	7	28

lián xiàn fǎ
连线法

pái liè yǔ shùn xù yǒu guān, zǔ hé yǔ shùn xù wú guān. zhè shì qū fēn pái liè hé zǔ hé de zuì jiǎn dān fāng fǎ.
排列与顺序有关，组合与顺序无关。这是区分排列和组合的最简单方法。

kūn chóng de liáng shi wēi jī
昆虫的“粮食危机”

kē xué qù wèi gù shi
科学趣味故事

xiǎo kūn chóng měi tiān néng chī duō shǎo ne　yě huì yǒu　liáng shi wēi jī
小昆虫每天能吃多少呢？也会有“粮食危机”？

zhè shì dòng wù xiǎo xué de xué shēng men zuì bù gǎn xiāng xìn de wèn tí　kě shì
这是动物小学的学生们最不敢相信的问题。可是，

dà jiā xué xí　shù xué guǎng jiǎo　dā pèi　yī　zhè yí kè de shí hou
大家学习“数学广角——搭配（一）”这一课的时候，

què shí jiē kāi le kūn chóng zài　dā pèi　shàng de xǔ duō　mì mì
确实揭开了昆虫在“搭配”上的许多“秘密”……

1 chóng dīng xīng wàng
1 “虫”丁兴旺

liáng shi wèn tí　shì dòng wù wáng guó zuì guān xīn de rè diǎn wèn tí zhī yī
“粮食问题”是动物王国最关心的热点问题之一，

ér qiě yì zhí kùn rǎo zhe guó wáng　yóu yú gè zhǒng zāi hài　shí wù yuè lái yuè shǎo
而且一直困扰着国王：由于各种灾害，食物越来越少

le　rú guǒ bù jiě jué liáng shi wèn tí　hòu guǒ jiāng bù kān shè xiǎng
了。如果不解决粮食问题，后果将不堪设想……

lǎo shī　néng yǒu shén me bàn fǎ lái jiě jué tā ne　hān hān yōu xīn
“老师，能有什么办法来解决它呢？”憨憨忧心

chōng chōng de shuō　tǔ dì shā huà yě yuè lái yuè yán zhòng　huì bú huì yǒu yì
忡忡地说，“土地沙化也越来越严重，会不会有一

天，我们没有吃的了？”

“暂时还没有到那个份上。”米雅老师想了想说，“不过，我们最好提前谋划，未雨绸缪。”

“那该怎么办呢？”汪一鸣接着问。

“关于粮食，昆虫家族是最有发言权的！”米雅老师想了想，继续说，“在我们动物王国中，昆虫家族是一个大家庭，仅居住在地球上有名字的就有100多万种。而且，它们在我们这个星球上已经生活几亿年了！如果不是解决了粮食问题，他们早就饿死了！我看，我们的科考小队需要去考察一下。”

“好啊！”大家异口同声地响应。

米雅老师的一句话，让一堂数学课变成了室外考察课，小伙伴们可以边走路边看风景边学习啦！

2 各有“妙招”

gè yǒu miào zhāo

zhè yí cì wài chū kē xué kǎo chá mǐ yǎ lǎo shī ràng kē kǎo xiǎo duì gǎi chéng
这一次外出科学考察，米雅老师让科考小队改成
dān dú xíng dòng bú zài zǔ tuán chū xíng
单独行动，不再组团出行。

zhè yàng kě yǐ péi yǎng dà jiā dú lì sī kǎo dú lì jiě jué wèn tí de
“这样可以培养大家独立思考、独立解决问题的
néng lì mǐ yǎ lǎo shī zhǎn dīng jié tiě de shuō dà dǎn de zhǎo qù wèn
能力。”米雅老师斩钉截铁地说，“大胆地找，去问，
bǎ kūn chóng de zhì huì wā jué chū lái huò xǔ duì wǒ men zhěng gè dòng wù wáng guó
把昆虫的智慧挖掘出来，或许对我们整个动物王国
dōu yǒu jiè jiàn zuò yòng ne
都有借鉴作用呢。”

suí hòu kē kǎo xiǎo duì de duì yuán men chōng mǎn xìn xīn de chū fā le
随后，科考小队的队员们充满信心地出发了。

xiǎo mǎ gē pǎo dào yí piàn jīn huáng de dào tián lǐ zhǎo dào le dà míng dǐng
小马哥跑到一片金黄的稻田里，找到了大名鼎
dǐng de dào bāo chóng
鼎的稻苞虫。

wǒ men què shí yǒu jiě jué liáng shi wèn tí de gāo zhāo yòng de fāng fǎ shì
“我们确实有解决粮食问题的高招，用的方法是
dā pèi zěn me dā pèi ne wǒ men dào bāo chóng zài bù tóng shí qī chī bù tóng de
搭配。怎么搭配呢？我们稻苞虫在不同时期吃不同的
liáng shi wǒ hěn xiǎo de shí hou chī dào yè zhǎng dà le jiù chī zhí wù de huā mì
粮食。我很小的时候吃稻叶，长大了就吃植物的花蜜。
nǐ kàn zhè yàng dā pèi qǐ lái hái dān xīn bǎ shí wù chī wán ma zǒng huì liú
你看，这样搭配起来，还担心把食物吃完吗？总会留
xià yì xiē shí wù de yì zhī dào bāo chóng wěi wěi dào lái
下一些食物的。”一只稻苞虫娓娓道来。

科考手册

稻苞虫每年发生的世代（昆虫个体发育的全过程）比较多，在长江以南、南岭以北，稻苞虫一年能发生5～6代。它的成虫喜欢吃棉花、芝麻、向日葵、大豆等植物的花蜜。

稻苞虫说完，躺在稻叶上准备睡个懒觉。

汪一鸣找到了田园熊蜂。

“我们田园熊蜂家族，有的吻（口器）长，有的吻短，吻长的吃花蜜较深的喇叭花，吻短的则吃花蜜较浅的金凤花和玫瑰！你看，用的也是数学中的搭配，根据吻的长短来搭配食物。”一只田园熊蜂得意地说。

田园熊蜂讲得不错，同样是熊蜂，身体构造不一样，吃的东西就不一样，把品种与食物搭配开来，就不至于闹饥荒啦。

憨憨找到了一只在草丛中乱飞乱舞的小蚊子。

科考手册

蚊子怕光，喜欢在阴暗和潮湿的环境生活。在这种环境里它们更容易繁殖。

“为了解决粮食问题，我们也学会了分工搭配。雄蚊子吃植物的汁液，雌蚊子吃动物的血液。你看，性别不同，吃的粮食不同，这样不就节省一部分粮食了吗？”小蚊子摇动着头上的两根触须说。

憨憨听了，恍然大悟。

xué bù lái ya

3 学不来呀

jīng guò yì fān bēn bō bá shè xiǎo mǎ gē wāng yī míng hé hān hān shōu huò
经过一番奔波跋涉，小马哥、汪一鸣和憨憨收获

mǎn mǎn de huí dào le dòng wù xiǎo xué
满满地回到了动物小学。

qǐng kē kǎo xiǎo duì yǔ dà jiā fēn xiǎng běn cì kē kǎo chéng guǒ mǐ yǎ
“请科考小队与大家分享本次科考成果。”米雅

lǎo shī xīn wèi de shuō
老师欣慰地说。

lǎo shī dào bāo chóng jiā zú bù tóng shí qī
老师，稻苞虫家族不同时期

chī bù tóng de liáng shi hěn xiǎo de shí hou chī dào
吃不同的粮食，很小的时候吃稻

yè zhǎng dà le jiù chī qí tā zhí wù de huā mì
叶，长大了就吃其他植物的花蜜。

yòng de shì dā pèi fǎ bù tóng shí qī dā pèi bù
用的是搭配法，不同时期搭配不

tóng shí wù
同食物。

lǎo shī tián yuán xióng fēng jiā zú yǒu de
老师，田园熊蜂家族，有的
wěn cháng yǒu de wěn duǎn wěn cháng de chī huā mì
吻长，有的吻短，吻长的吃花蜜
jiào shēn de lǎ ba huā wěn duǎn de zé chī huā mì jiào
较深的喇叭花，吻短的则吃花蜜较
qiǎn de jīn fèng huā hé méi gui xióng fēng yòng de yě
浅的金凤花和玫瑰！熊蜂用的也
shì dā pèi fǎ shì gēn jù wěn de cháng duǎn lái dā
是搭配法，是根据吻的长短来搭
pèi bù tóng shí wù
配不同食物。

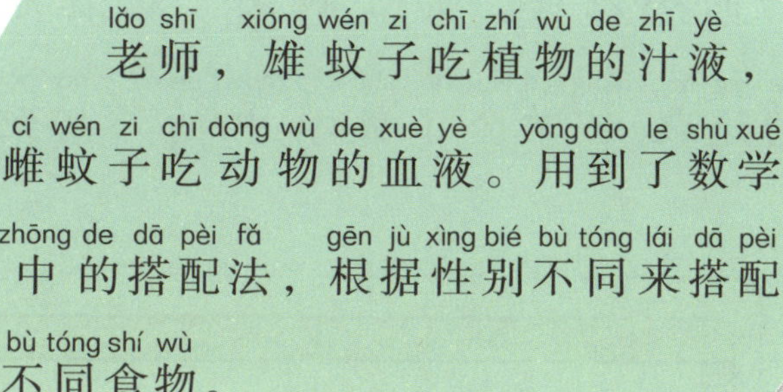

顿时，教室里响起了掌声。

“同学们，昆虫家族都会使用搭配法，稻苞虫、田园熊蜂、蚊子，这些小小的昆虫也有大智慧！”米雅老师微笑着说。

同学们全都摩拳擦掌，也想把课堂上“数学广角”中的“搭配”运用到生活中去。

下课了，同学们还是兴趣盎然，都想不到其貌不扬的小昆虫，为了解决“粮食危机”，竟然也在漫长的进化中学会了数学中的“搭配”法呢。

科考手册

昆虫诞生于四亿多年前，在漫长岁月中不断繁衍和进化，以便更好地适应环境。

kē xué dàng àn guǎn
科学档案馆

kūn chóng zhǒng lèi hěn duō wǒ men kě yǐ àn zhào kūn chóng qǔ shí de
昆虫种类很多，我们可以按照昆虫取食的
xí xìng lái fēn zhǔ yào yǒu zhè jǐ lèi yī shì zhí shí xìng kūn chóng zhǔ
习性来分，主要有这几类：一是植食性昆虫，主
yào shì yǐ zhí wù de jīng yè yá huā děng zuò wéi shí wù lì rú
要是以植物的茎、叶、芽、花等作为食物，例如
mì fēng děng èr shì bǔ shí xìng kūn chóng lì rú qī xīng piáo chóng táng láng
蜜蜂等；二是捕食性昆虫，例如七星瓢虫、螳螂
děng sān shì fǔ shí xìng kūn chóng zhǔ yào yǐ dòng wù de shī tǐ fèn biàn
等；三是腐食性昆虫，主要以动物的尸体、粪便、
fǔ bài de zhí wù wéi shí liào de kūn chóng lì rú cāng ying qiāng láng děng
腐败的植物为食料的昆虫，例如苍蝇、蜣螂等；
sì shì zá shí xìng kūn chóng jì chī zhí wù lèi shí wù yòu chī dòng wù lèi
四是杂食性昆虫，既吃植物类食物，又吃动物类
shí wù lì rú zhāng láng děng
食物，例如蟑螂等。

zhí shí xìng kūn chóng 植食性昆虫	bǔ shí xìng kūn chóng 捕食性昆虫	fǔ shí xìng kūn chóng 腐食性昆虫	zá shí xìng kūn chóng 杂食性昆虫
mì fēng 蜜蜂	qī xīng piáo chóng 七星瓢虫 táng láng 螳螂	cāng ying 苍蝇 qiāng láng 蜣螂	zhāng láng 蟑螂

昆虫都有什么特征？

kūn chóng dōu yǒu shén me tè zhēng

小小科学家

xiǎo xiǎo kē xué jiā

kūn chóng yì bān jù yǒu yǐ xià jǐ gè tè zhēng
昆虫一般具有以下几个特征：

shēn tǐ yóu ruò gān huán jié zǔ chéng zhè xiē huán jié jí hé chéng tóu xiōng fù sān gè bù fen kūn chóng dōu yǒu kǒu qì hé duì chù jiǎo xiōng bù zuò wéi yùn dòng de zhōng xīn jù yǒu duì zú yì bān chéng chóng hái yǒu duì chì yě yǒu yì xiē zhǒng lèi de chì bǎng wán quán tuì huà
身体由若干环节组成，这些环节集合成头、胸、腹三个部分；昆虫都有口器和1对触角；胸部作为运动的中心，具有3对足，一般成虫还有2对翅，也有一些种类的翅膀完全退化。

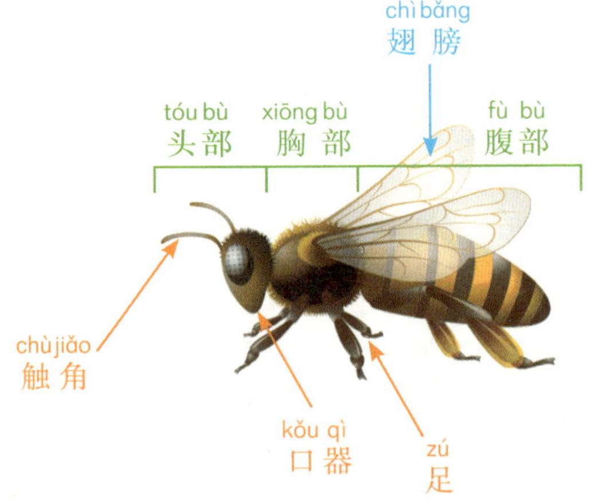